Was stimmt?

Evolution

Die wichtigsten Antworten

HERDER spektrum

Band 5779

Das Buch

Bibel oder Sozialdarwinismus oder »Intelligent Design«? Was bedeutet Evolution, wie muss man sich den geheimnisvollen Prozess vorstellen, der da vor Milliarden von Jahren begann und bis heute fortdauert? Hat sich alles zufällig entwickelt? Ohne Plan? Welche Kraft wirkt im Kosmos, in der Natur? Und wenn die Evolutionsbiologie wissenschaftlich recht hat, was soll man dann vom biblischen Schöpfungsbericht halten? Wo bleiben ferner menschliche Verantwortung und »freier Wille«, wenn die Evolution alles festlegen sollte? Welche Gesetze ethischen Handelns sind noch gültig, wenn in der Natur das »Recht des Stärkeren« zu Grunde gelegt ist? Ist der Mensch beabsichtigte »Krone der Schöpfung« oder Zufallsprodukt eines kosmischen Roulette-Spiels, das ebenso zufällig eines unbestimmten Tages wieder aus ist?
Einer der führenden deutschsprachigen Evolutionsbiologen erklärt auf gut verständliche Weise, was Evolution ist und was nicht, was diese Wissenschaft leistet und was nicht. Er zeigt, was alles im wissenschaftlichen Diskurs erklärt werden kann, dass es aber auch thematische Bereiche gibt, die sich diesem Zugriff entziehen. Wer – als Nichtbiologe – immer schon wissen wollte, was Evolution ist, wer auch als Laie in der aktuellen Diskussion mitreden möchte, hier findet er eine verständliche, übersichtlich gegliederte und kurz gefasste Darstellung.

Der Autor

Der Zoologe Professor Dr. Josef H. Reichholf, geb. 1945, leitet die Wirbeltierabteilung der Zoologischen Staatssammlung in München und lehrt an beiden Münchner Universitäten. Schwerpunkte seiner Forschungen liegen in der Evolutionsbiologie und Ökologie. 2005 wurde er mit der Treviranus-Medaille des Verbands Deutscher Biologen und 2006 mit dem Grüter-Preis für Wissenschaftsvermittlung ausgezeichnet.

Josef H. Reichholf

Was stimmt?

Evolution

Die wichtigsten Antworten

HERDER

FREIBURG · BASEL · WIEN

Gedruckt auf umweltfreundlichem,
chlorfrei gebleichtem Papier

Originalausgabe

www.herder.de
Gesamtherstellung: fgb · freiburger graphische betriebe 2007
www.fgb.de
Umschlaggestaltung und Konzeption:
R · M · E München / Roland Eschlbeck, Liana Tuchel
Umschlagmotiv: epd
ISBN 978-3-451-05779-3

Inhalt

Einleitung

Charles Darwin

Als vor rund 200 Jahren klar geworden war, dass der Mensch nicht das Ergebnis eines eigenen göttlichen Schöpfungsaktes darstellt, sondern einen natürlichen Werdegang hinter sich hat wie alles Leben auf der Erde, riefen diese Erkenntnisse vielfachen und mitunter auch sehr heftigen Widerstand hervor. Viele Menschen wollten nicht »vom Affen abstammen«, den sie als Zerrbild des halbgöttlichen Wesens Mensch betrachteten. Als vor gut 150 Jahren der englische Naturforscher und Privatgelehrte Charles Darwin (1809–1882) jenes Buch veröffentlichte, das die westliche Welt erschütterte, behandelte er den Menschen und seine Herkunft gar nicht. Er verwies nur mit einem Satz fast am Ende seines Werks »Über den Ursprung der Arten…« darauf. Dennoch war der gebildeten Gesellschaft in Europa damit klar, dass Darwin einen Schlüssel zum genaueren Verständnis dessen gefunden hatte, was man seit Jahrzehnten kannte, aber nicht verstand, nämlich wie Evolution vor sich geht.

Entdeckung eines Privatgelehrten

Natürliche Selektion

Darwin ersetzte die künstliche Auslese der Züchter von Tieren und Pflanzen durch das allgemeine Wirken der Natur und nannte dies die »natürliche Selektion«. Hatte man bei Pflanzen und

Tieren eigentlich nie wirklich bezweifelt, dass sie Natur seien und sich von Natur aus veränderten und entwickelten, so traf diese Erkenntnis bei vielen Menschen einen empfindlichen Nerv. Sie fühlten sich erhaben über die Natur und nicht als Teil von ihr.

Darwins Provokation

Darwins Erkenntnis beraubte nun, so die Empfindung vieler Zeitgenossen, die Menschen ihrer Sonderstellung als Kinder Gottes und Stellvertreter des Göttlichen auf Erden. Man meinte, das würde ihm auch seine Würde nehmen und ihn mit den blöden Affen gleichsetzen, deren Verhalten eben nicht menschlich ist, und weshalb »Affe« schließlich als Schimpfwort benutzt wird. Doch die Wogen der Aufregung glätteten sich schon um die Wende vom 19. zum 20. Jahrhundert. Immer mehr und immer tiefer gehende Befunde förderte die Biologie zutage, die sich nur auf der Grundlage der Evolution verstehen ließen. Neue Funde von Fossilien zeigten Zwischenformen auf, wie etwa der berühmt gewordene »Urvogel« *Archaeopteryx* aus den Jura-Ablagerungen im bayerischen Solnhofen, oder die ersten Entdeckungen von Zwischenformen zwischen Menschenaffen und Menschen im südlichen Afrika (die nach der Region »Südaffe« *Australopithecus* genannt wurden). Sie zeigten, dass bei noch menschenaffenartig kleinem Gehirnteil des Schädels die zweibeinig-aufrechte Fortbewegungsweise bereits zustande gekommen war, noch ehe typisch menschliche Merkmale ausgebildet waren. Heute datieren wir diese Funde auf ein Alter von 5 bis 6 Millionen Jahren.

Viele andere Befunde belegen eindrucksvoll und umfassend die großen Übereinstimmungen zwischen den heute noch lebenden Menschenaffen und dem Menschen. Sie erhielten ihre ganz besondere Bekräftigung, als die Natur des Erbguts bekannt und genauer untersucht worden war. Die uns nächstverwandten Schimpansen unterscheiden sich im Erbgut, im Genom, nur zu gut einem Prozent von uns Menschen. Weshalb uns das »erniedrigen« sollte, wenn wir davon ausgehen, dass Gott alles geschaffen hat, verstehen sicherlich jene Biologen am wenigsten, die sich mit der Großartigkeit der Evolution befassen.

Wir sind Evolution

Doch in unserer Zeit treten erneut Strömungen auf, die sich gegen die Evolution richten und die den biblischen Schöpfungstext wörtlich nehmen wollen. Da sich deren Anhänger auf die Schöpfungsgeschichte, die Genesis, beziehen, werden sie in Anlehnung an ihre amerikanische Bezeichnung »Kreationisten« genannt. Der Kreationismus nahm seinen Anfang in amerikanisch-protestantischen Kreisen und versuchte vor allem auch politisch wirksam zu werden. Sein Ziel war und ist es, die biblische Schöpfungsgeschichte zumindest gleichwertig in Schulen und Universitäten im Naturkundeunterricht behandelt und gelehrt zu sehen wie die wissenschaftliche Evolution.

Religiöser Fundamentalismus gegen Wissenschaft

In erweiterter Form versucht der Kreationismus auszuweichen und propagierte das »Intelligente Design« der Natur. Dieses soll den Kontrast zur biologischen Evolution darstellen und ihr Sinn und Richtung geben. Dabei werden geschickt die vielfach vorhandenen Missverständnisse und die emotionalen Bedürfnisse der Gläubigen ausgenutzt, um die vermeintliche Sinnlosigkeit der Evolution als eine geistige Verirrung jener anzuprangern, die solches »glauben« wollen. Allerdings vertritt die Evolutionsbiologie überhaupt keine Sinnfragen, denn diese liegen gänzlich außerhalb ihres wissenschaftlichen Forschungsfeldes. Niemandem wird von der Evolutionsbiologie angeraten oder gar vorgeschrieben, im Leben, in seinem Werden und Vergehen keinen Sinn zu sehen. Die biologische Evolution wurde auch von den Biologen niemals aus der übrigen, nicht lebendigen Natur isoliert, sondern stets als eingebunden in das kosmische und irdische Geschehen betrachtet.

Gläubigkeit und Sinnbedürfnis

Ideologischer Missbrauch der Evolutionsbiologie

Richtig ist aber, dass Befunde der Evolutionsbiologie missbraucht wurden, etwa um die Höherwertigkeit bestimmter Rassen bei den Menschen zu begründen oder im so genannten Sozialdarwinismus die Unterschiede im Erfolg der »Besseren«, der höheren Klassen gegenüber den Arbeitern und den »Niedrigen« zu rechtfertigen. Doch es gibt auch einen aktuellen Grund, weshalb über die Evolutionsbiologie wieder heftig diskutiert wird. Die moderne Gentechnik hat Eingriffe in das Erbgut ermöglicht, deren Folgen ganz und gar unabsehbar sind. Befürchtungen, die nicht unberechtigt sind, werden hiervon genährt. Beginnt hier der Mensch, »Gott zu spielen«, indem er das Leben beliebig nach seinem Gutdünken verändert? Wird er sich selbst womöglich mit

Darf der Mensch Gott spielen?

Hilfe dieser Technik verändern? Darf er das? Solche Fragen greifen weitaus tiefer in unsere Kultur und in das Selbstverständnis des Menschen ein als die »Abstammungsfragen« der Evolution. Sie treffen das Menschsein im Kern. Deshalb ist es wichtig, sich mit Grundthemen zum Gang der Evolution vertraut zu machen, bevor über deren gezielte Veränderung durch die Gentechnik geurteilt wird. Die in der öffentlichen Diskussion aufgeworfenen Fragen sind berechtigt. Gerade auch die Evolutionsbiologie muss sich diesen Fragen stellen, weil keine Wissenschaft Selbstzweck ist, sondern in aller Regel auch »Anwendungen« zur Folge hat.

Der Blickwinkel der Biologie

»Aus dem Niedrigeren entsteht das Höhere«

Wie das Leben sich selbst organisiert

Ordungen in der Artenvielfalt

Überall ist Leben auf der Erde. Es umgibt uns in einer solchen Fülle und Vielfalt, dass kein einzelner Mensch die gesamte Mannigfaltigkeit des Lebens überblicken kann. Dennoch lässt sich diese Lebensfülle ordnen. Die meisten Menschen fassen die verschiedenen Arten von Lebewesen ihrer Verwandtschaft nach zusammen. Verwandtschaft, warum? Katzen und Hunde, Kühe und Schweine, Pferde und Schafe verwechseln wir nicht mit Löwen und Bären, Büffeln und Giraffen und vielen anderen Tierformen. Dass Löwen große Katzen sind, braucht uns niemand zu erklären. Hunde und Hauskatzen werden zu Recht zusammengefasst, so verschieden die Rassen auch aussehen mögen. Tauben unterscheiden wir von Enten, Krähen von Spatzen und so fort bis hinein in die große grüne Welt der Pflanzen, wo wir Apfel- und Birnbäume zusammenstellen wie Fichten und Kiefern. Kleingetier, wie Mücken, halten wir für »niedriger« als Mäuse, Schnecken

Niedere und höhere Gruppen

noch mehr. Dass es Dutzende verschiedener Arten von Stechmücken gibt, interessiert uns erst dann, wenn bestimmte Arten davon Krankheiten wie Malaria oder Gelbfieber übertragen können. Zu den Schmetterlingen rechnen wir die schönen bunten Tagfalter wie auch die tarnfarbenen, nachts fliegenden Motten. Unbewusst haben wir damit sortiert, Gruppen gebildet und höher oder niedriger stehend gewertet. Ähnliches wird zusammengefasst und von anderen Gruppen getrennt, wie die Vögel von den gleichfalls zum Fluge befähigten Fledermäusen oder die Bäume von den Kräutern. Manche Wanze wird zwar mit Käfern verwechselt, weil sie einfach so käferähnlich klein sind und auf sechs Beinen laufen. Dass beide Insekten sind, entspricht vielen Gemeinsamkeiten, die jeder sieht.

Leben durch das Mikroskop betrachtet

Es ist noch nicht lange her, da sprach man von Wal*fischen*, obgleich diese riesigen Meerestiere weit mehr mit uns Menschen gemeinsam haben als mit den Fischen. Sie gehören wie wir zu den Säugetieren, die ihre Jungen gebären und mit Muttermilch versorgen. Fischähnlich ist nur die Form ihrer Körper. Formähnlichkeit genügt also nicht, um »richtig« zuzuordnen. Korallen mögen wie Gewächse aussehen, sind aber Tiere. Was sich mit unseren eigenen Augen von der Vielfalt der Lebewesen erfassen lässt, stellt nur einen winzigen Bruchteil der tatsächlichen Lebensfülle dar. Erst das Mikroskop eröffnet die Welt der Kleinen und Kleinsten bis hin zu den ohne starke Vergrößerung unsichtbaren Bakterien und Viren. Untersucht man all die Lebensformen genauer, so treten zwei höchst bemerkenswerte Eigenschaften zutage. Die erste besteht darin, dass die allermeisten Lebewesen sich ziemlich leicht in ein »System« bringen lassen, das sich wie von selbst verwandtschaftlich und hierarchisch ordnet. Hauskatze und Löwe fassen wir mit den Tigern, Luchsen und zahlreichen anderen zur Familie der Katzen zusammen. Das Pferd werden wir aber nicht den Kühen und damit der Familie der Rinder zuordnen. Diese haben mit Schafen und Ziegen weit mehr gemeinsam als mit Pferd und Esel. Beide Gruppen sind aber Huftiere und sie stehen untereinander mit weiteren Übereinstimmungen in Verbindung. So bringen Pferde wie Rinder, Katzen, Wale und Menschen lebende Junge zur Welt. Ihren Nachwuchs säugen sie mit Muttermilch.

Kriterien der Ordnung

Wir fassen all diese Tiere zu den Säugetieren zusammen und unterscheiden sie von den Vögeln, die zwar zusammen mit den Säugern – anders als der große Rest der Tierwelt – eine geregelt hohe Körperinnentemperatur aufweisen, die meist zwischen 35 und 42 Grad Celsius liegt. Aber ihre Federn, ihre Zweibeinigkeit, der Bau ihrer Lungen und viele andere Kennzeichen weisen sie als eigenständig und den Eidechsen und Schlangen näher stehend als den Säugetieren aus. Zusammen mit Fröschen und Fischen bilden sie den großen Stamm der Wirbeltiere, weil sie im Körper Knochen aufweisen. Niemand verwechselt Angehörige davon mit den Insekten oder den Schnecken. Ganz von selbst begeben wir uns bei so einer Betrachtungsweise von den großen, auffälligen und ganz eindeutig erkennbaren Lebewesen abwärts zu den kleinen Formen. Bis schließlich die Kleinsten erreicht werden, die Bakterien und Viren. Die Zusammenhänge der Großgruppen untereinander sind dann nicht mehr so augenscheinlich.

Natürliche Systeme der Verwandtschaft

Aber die gefühlsmäßige Zuordnung stimmt vielfach recht gut, die man auch ohne besondere Kenntnisse von Tieren und Pflanzen erzielen würde. Ihr Ergebnis ist höchst bemerkenswert, denn es kommt ein natürliches System der Verwandtschaft zustande. Wo es tatsächlich Abweichungen gibt, lassen sie sich, wie am genannten Beispiel der Fischähnlichkeit der Wale, leicht erklären und verständlich machen. So unterscheiden sich alle Tiere, die wir als solche bezeichnen würden, ganz klar von den »Einzellern«, von Lebewesen also, die nur aus einer einzigen Zelle bestehen. Entsprechendes gibt es bei den Pflanzen, wo alle »richtigen Pflanzen« aus vielen Zellen aufgebaut sind und die grundsätzliche Dreigliederung in Wurzel, Spross und Blätter zeigen, gleichzeitig aber auch einzellige Lebewesen mit Blattgrün vorhanden sind, die genauso wie die Bäume und die Gräser und all die anderen grünen Pflanzen mit Hilfe von Sonnenlicht selbst ihre Nahrungsstoffe erzeugen. Insgesamt kommt ein so genanntes ›natürliches System‹ zustande, in dem alle Lebewesen ihre Plätze aufgrund größerer oder geringerer Gemeinsamkeiten finden.

Stufen des Lebens

Es führt in zahlreichen Stufen von den einfachsten Organismen zu den komplexesten und verbindet alles Leben an der Basis miteinander.

Leben beginnt einfach

Daraus ergibt sich der zweite bemerkenswerte Befund. Er hängt mit eben dieser Komplexität zusammen. Sie entwickelt sich offenbar ganz ähnlich wie bei der Entstehung und Entwicklung eines einzelnen Lebewesens. Am Anfang steht bei Tieren und Pflanzen wie auch beim Menschen eine befruchtete Eizelle. Sie wächst zum fertigen Lebewesen heran und entwickelt dabei eine zunehmende Komplexität. Teilungen der Eizelle allein reichen dazu nicht aus, sonst würden nichts weiter als mehr oder minder große Bälle entstehen, die aus sehr vielen, aber gleichförmig gebliebenen Zellen zusammengesetzt sind. Tatsächlich bildet sich in der Entwicklung schon sehr früh eine deutliche Sonderung in vorn und hinten, oben und unten aus. Dann kommen erste Anlagen von Körpergliedern oder Beinen hinzu – wenn ein Tier entsteht, oder die Bildung von Wurzel, Spross und Blättern bei vielen Pflanzen. Das Endergebnis sind Körper.

Das Alphabet des Lebens

Es gehört zu den größten Entdeckungen in der Biologie überhaupt, das Programm gefunden zu haben, das diese Entwicklung steuert und in der richtigen Weise ablaufen lässt. Es handelt sich um dasselbe Programm, das auch der Vererbung zu Grunde liegt. Ein lang gezogenes und wie eine Wendeltreppe gewundenes Großmolekül trägt in sich das Alphabet des Lebens. Seine wissenschaftliche Bezeichnung ist mit ›Desoxyribonukleinsäure‹ so schwierig, dass man sich schon seit seiner Entdeckung mit einer Abkürzung behilft: DNS oder DNA (S steht für Säure im Deutschen, A entsprechend für das Englische ›acid‹).

Die meisten Zellen enthalten zwei komplette Kopien dieser DNA mit ihren Informationen zum Wachsen und Funktionieren der Zelle und des ganzen Organismus. Die verschiedenen Arten unterscheiden sich in den gleichsam als Betriebsanweisungen gespeicherten Informationen, die in der DNA enthalten sind. Es liegt an ihr, ob aus einem Ei eine Raupe schlüpft, die sich verpuppt und in einen Schmetterling verwandelt, in ein Pfauenauge etwa, oder in einen Käfer. Oder ob ein Laubfrosch oder auch ein Mensch daraus wird. Die Bezeichnung Erbgut umfasst alles, was über dieses chemische Großmolekül an Entwicklungs- und Funktionsanweisungen für ein Lebewesen auf die Nachkommen weitergegeben werden kann.

In ihrer Grundstruktur ist dieses Erbgut in allen Lebewesen gleich. Wie das Alphabet einer Sprache hat es »Buchstaben«, allerdings nur vier verschiedene. Es gibt im Leben kein ›Latein‹ und ›Chinesisch‹ oder weitere Sprachen und Schriften als Anweisungen für das Lebendige, sondern nur die eine einzige Schrift des Lebens. Seit einiger Zeit wissen wir darüber so viel, dass die Schriftzeichen, die alle Erbinformation etwa des Menschen umfassen, »entziffert« und aufgezeichnet sind.

Leben hat nur eine Schrift

Es gibt solch vollständige Erfassungen für eine Reihe weiterer Lebewesen, für noch sehr viel mehr liegen sie in Ausschnitten vor. Das Überraschende ist, dass alle Lebewesen die gleiche »Schrift« benutzen und dass sich die Unterschiedlichkeit der Arten in den Erbguttexten direkt ausdrückt. So stimmen Menschen und Schimpansen zu 98,8 Prozent im Erbgut überein, und diese Menschenaffen stehen uns Menschen damit eindeutig am nächsten. Zum Gorilla macht der Unterschied mehr als 2 Prozent und zum Orang-Utan etwa 2,5 Prozent aus. Mit kleinen Fliegen haben wir nur noch etwa die Hälfte der Erbinformation gemeinsam. Nur noch? Was ist damit gemeint? Noch weniger Übereinstimmung haben wir zwar mit Bakterien, wie etwa den Coli-Bakterien in unserem Darm, aber genug, um zweifelsfrei daraus die Verwandtschaft aller Lebewesen untereinander ableiten zu können. Bestimmte Erbeigenschaften, Gene genannt, können bei den verschiedensten Lebewesen gleich sein. Daraus folgt, dass alles Leben aus einer Wurzel stammt und dass die Lebensformen einander umso ähnlicher sind, je mehr sie im Erbgut übereinstimmen und umgekehrt.

Das Leben als Strom

Somit verbinden uns Gene mit den einfachsten Lebewesen auf eine Art und Weise, die frappierend ist. Das Leben stellt sich als Strom dar, der sich in vielfältiger Weise an den unterschiedlichsten Stellen aufgespaltet hat. Der Lebensfluss fing an einer Quelle an, vergleichbar dem Beginn eines neuen Lebewesens mit der Entwicklung der befruchteten Eizelle. Mit unserer Gegenwart machen wir gleichsam einen Schnitt durch den vielfach verzweigten Fluss und sehen an den Enden die heutigen Lebewesen, die Bäume und Vögel, die Fische und uns Menschen. Von jedem existierenden Lebewesen kommen wir über diesen Strom des Lebens zurück zur Quelle, zum Anfang. So müssen wir die Stammbäume verstehen, die uns die moderne Molekularbiologie liefert. Wie in einer Ahnentafel reichen sie von Generation zu Generation zurück zu den Ursprüngen. Doch wer jemals Ahnenforschung betrieben hat, weiß, wie schwer es ist, über die Urgroßeltern und ihre Generation in die Vergangenheit zurückzugelangen. Beim Leben selbst geht es aber um weit mehr als nur eine Handvoll Generationen. Die Ahnentafeln werden schnell lückenhaft. Wir würden wahrscheinlich den Entdeckungen der Molekulargenetik nicht trauen wollen, wenn es nicht andere, unabhängige Zeugen der Vergangenheit gäbe.

Fossilien – Zeugnisse der Entwicklung

Es sind dies die Versteinerungen, die Fossilien. Was von Menschen begraben wird, zerfällt nicht schon in wenigen Jahrzehnten zu formloser Erde. Das wissen wir aus den alten Gräbern der Geschichte und der Vorgeschichte. Grabbeigaben verraten oft auf den ersten Blick, aus welcher geschichtlichen Zeit das Grab stammt. Die Überreste von Tieren und Pflanzen, die unter besonderen Umständen erhalten geblieben und zu Fossilien geworden sind, zeigen ganz ähnlich, aus welcher Zeit der Vergangenheit sie stammen und was für Lebensverhältnisse damals geherrscht haben. Seit Jahrhunderten ist bekannt, dass bestimmte, gut erkennbare Gesteinsschichten auch ähnliche oder gleichartige Fossilien enthalten und dass die einfacheren Formen in größerer Tiefe auftreten als die komplexeren, den heutigen Lebewesen ähnlichsten, die wir nur in den obersten Schichten finden. So wie die älteren Überreste historischer Städte, wie etwa von Troja, unter den jüngeren liegen.

Physik und Chemie verfügen über Mittel, das Alter der Schichten zu bestimmen, in denen die Fossilien gefunden werden. Die jüngsten lassen sich noch direkt an den Jahresringen von Bäumen abzählen und auf diese Weise ziemlich genau bestimmen. Wiederum gilt, was für die menschliche Geschichte der letzten Jahrtausende zutrifft, sollte auch darüber hinaus nach denselben Prinzipien der Natur zu messen sein. So wirken alle Naturwissenschaften zusammen und ergänzen einander bis hinein in die jüngste Vergangenheit der Kulturzeit des Menschen. Ihre Ergebnisse sind in sich schlüssig und jederzeit durch bessere Befunde zu korrigieren. Was die Forschung entdeckte, bekräftigt höchst eindrucksvoll das, was seit rund 150 Jahren »Evolution« genannt wird: Alles Leben auf der Erde, die Erde selbst und der ganze Kosmos sind aus einer sehr langen Entwicklung hervorgegangen, die einen Anfang hatte und seit Millionen und Milliarden von Jahren im Laufen ist. Dabei entstand aus einfachen Anfängen immer Komplexeres. Einfachste Lebewesen beherbergte die Erde den allergrößten Teil ihrer Existenzzeit, nämlich seit mindestens vier Milliarden Jahren. Erst vor gut einer halben Milliarde Jahre entstanden Lebewesen, die sich aus mehreren bis vielen Zellen zusammensetzen und die letzten gut 400 Millionen Jahre entwickelten sie sich weiter zu immer leistungsfähigeren Lebensformen.

Vor Milliarden von Jahren

Leben schafft sich seine Bedingungen

Das Leben selbst veränderte die Bedingungen auf der Erde in beträchtlichem Umfang. Im Meer bauten Schwämme und Korallen Riffe auf. Aus ihren Kalken wurden in späteren Jahrmillionen gewaltige Gebirge wie die Alpen oder der Himalaja. Wälder wuchsen und wucherten. Aus ihnen entstanden Kohle und Erdöl. Pflanzen waren es auch in ihren ganz einfachen Formen, die in die Luft das lebenserhaltende Gas freisetzten, das wir zum Atmen brauchen, den Sauerstoff. Mit der Zeit wurde das Leben immer weniger abhängig von den direkten Lebensbedingungen, die Meer und Gestein, Luft und Licht auf der Erdoberfläche geboten hatten.

Krone der Schöpfung

Das Leben als Ganzes verselbständigte sich. Es emanzipierte sich von der direkten Umweltabhängigkeit und schwang sich zu immer großartigeren Höhen auf. Bewundernd blickten schon die Alten zum Flug der Vögel, die ihre Erdgebundenheit scheinbar ganz überwunden hatten. Über Meer und Land ziehen sie auf eigenen Schwingen. Sie leben in den feuchtheißen Tropenwäldern und am ewigen Eis der Polarregionen, auf Bergeshöhen und sie tauchen ins Meer hinab. Manche Vögel fliegen in ihrem Leben mehrmals fast von Pol zu Pol oder sie umrunden regelmäßig die Erde. Aus eigener Muskelkraft heraus könnten wir Menschen das nicht. Aber dennoch haben wir die Vögel auf vielfältige Weise an Leistung übertroffen und uns noch weit mehr von der Natur gelöst als sie. Wir Menschen sind das höchstentwickelte Lebewesen! Tragen wir zu Recht die Krone der Schöpfung?

»Der Mensch ist das höchstentwickelte Wesen«

Im Kampf ums Dasein überleben die Fähigsten

Was ist Evolution?

Das Überleben der Fähigsten, Tüchtigsten, Tauglichsten ist seit der bahnbrechenden Veröffentlichung von Charles Darwin über den »Ursprung der Arten durch natürliche Auslese« im Jahre 1859 zum Schlagwort und zum zentralen Begriff für die Evolution geworden. Unter der Bezeichnung »Evolution« fassen die Biologie und Paläontologie alle Entwicklungen vom Ursprung des Lebens bis zu seiner heutigen Vielfalt zusammen. Die Erdgeschichte, die Geologie, kennt ähnliche Veränderungen, die mit der Entstehung der Erde und der Verschiebung der Kontinente auf ihrer Oberfläche zusammenhängen, verwendet aber den Ausdruck Evolution dafür kaum. Hingegen ist es in der Astronomie und insbesondere in der Kosmologie gebräuchlich, von der Evolution des Kosmos, der Galaxien, Sterne und Planeten zu sprechen.

Zeit hat eine Richtung

Begründet wird dies mit dem Hinweis auf die Erfahrung, dass die Zeit eine »Richtung« hat; also nur fortschreitet und nicht in sich wieder zurückkehrt oder Kreisläufe macht. Jedes Jahr auf der Erde, das wir selbst erleben, trägt diese Richtung in sich. Das letzte ist vorbei und kommt nicht wieder. Das neue Jahr, das kommt, wird anders sein als das gegenwärtig laufende. Aus guten Gründen unterscheiden wir zwischen Vergangenheit und Zukunft. Jahreskreise werden so zu Spiralen, die dem »Zeitpfeil« folgen. Für das Leben bedeutet dies die unablässige Aufeinanderfolge von Werden und Vergehen, von neuem Leben und Tod.

Aussterben oder sich fortpflanzen

Auch das ist uns nur allzu geläufig, selbst wenn wir uns noch so sehr gegen das Vergehen stemmen möchten. Die Zeit erscheint uns unerbittlich. In ihrem Verlauf altern wir. Altert das Leben insgesamt? Eigentlich nicht. Denn das Altern gehört zum einzelnen Lebewesen, die Bakterien und andere ganz kleine Organismen ausgenommen, die sich durch Teilung vermehren. Der Organismus durchläuft von der Entstehung in der befruchteten Eizelle über sein Wachstum bis hin zum Tod jene Entwicklung, die wir Altern nennen. Mit der Fortpflanzung erzeugen die Lebewesen jedoch immer wieder »neues«, d.h. junges Leben, so dass das Sterben des Individuums im Lebensprozess so lange nicht wirklich etwas ausmacht, wie sich die betreffende Lebensform erfolgreich fortpflanzt. Damit erneuert sie sich ununterbrochen. Gealtert und zum Aussterben verurteilt sind all jene Lebewesen, die sich nicht mehr oder nicht genügend fortpflanzen. Auch das kennen wir: Ganze Familien »sterben aus«, weil sie keine Nachkommen mehr hinterlassen haben. Mitunter trifft dies auch für kleine Völker zu. Weiterkommt nur, wer sich erfolgreich genug fortgepflanzt hat. Darin steckt das Kernstück der Evolution: Überleben heißt sich mit nachhaltigem Erfolg fortpflanzen.

Halten wir kurz inne: Alles Leben, das es hier und jetzt auf der Erde gibt, muss sich folglich bislang mit Erfolg fortgepflanzt haben, sonst gäbe es all die Blumen und Tiere, die Bäume und Bakterien nicht, die gegenwärtig existieren. Allesamt haben die heutigen Lebewesen also den gleichen Erfolg gehabt.

Die Grenzen des Lebensraums

Weitaus mehr, vielleicht das Hundertfache an Arten, überlebte nicht bis in die Gegenwart. Sie sind irgendwann ausgestorben. Gründe dafür sind viele vorstellbar. Wiederum liefert die Erfahrung eine ganze Reihe davon. So erzeugen offenbar alle Lebewesen insgesamt mehr Nachkommen, als in den kommenden Generationen überleben können. Welche Unmengen an Samen streuen die uns umgebenden Pflanzen aus. Viele Millionen kommen auf den seltenen Erfolg, dass ein Same keimt und aufwachsen kann. Die Masse der Anderen verhindert, dass auch nur ein nennenswerter Anteil der Samen es schaffen wird. Nur in den seltenen Fällen neuer freier Möglichkeiten zum Wachstum fällt der Erfolg groß aus. Die Landwirtschaft kennt dieses Problem und schlägt sich seit Anbeginn der Bodenbewirtschaftung mit den »Unkräutern«, mit der Konkurrenz der anderen herum. Aber auch die eigene Konkurrenz ist groß und kann mächtiger wirken als der Druck, der von anderen, ähnlichen Arten ausgeht. Wo ein neuer Wald angesät oder gepflanzt wird, müssen die meisten Bäume zu Grunde gehen, bis der Jungwuchs den Zustand eines ausgewachsenen Waldes erreicht. Selbstausdünnung nennt der Forstmann diesen Vorgang im Naturwald; im Forst beschleunigt er ihn mit seinen Durchforstungsmaßnahmen. Geradezu verschwenderisch geht das Leben mit der Fortpflanzung um. Das ergibt jeder vertiefende Einblick in die Lebensweise von Tieren und Pflanzen.

Natürliche und künstliche Auslese

Warum dieser Aufwand? Eine Antwort darauf kennen die Züchter von Pflanzen und Tieren schon seit vielen Jahrhunderten. In der Natur geschieht ganz von selbst das, was unter der Hand des Züchters vorgenommen wird: Auslese! Sie, die natürliche wie auch die von Menschenhand getätigte Selektion, legt fest, wie sich das betreffende Leben weiterentwickeln wird. Der Mensch geht nach seinen Gesichtspunkten vor. In der Natur hingegen gibt es keine vorgegebenen Züchtungsziele. Die Lebensbedingungen schwanken von Ort zu Ort und mit der Zeit. Sie können sich anhaltend verändern und neue Zustände erzeugen oder allen Schwankungen zum Trotz langfristig in etwa gleich bleiben. Kein Lebewesen, uns Menschen eingeschlossen, kann aber wissen, wie die Lebensbedingungen in 10 oder 20 weiteren Generationen sein werden. Die Antwort des Lebens auf diese Unsicherheiten der Zukunft liegt in den Variationen, die es entwickelt und immer wieder erneuert. Wir sind damit vertraut, dass kein Mensch einem anderen völlig gleicht.

Vielfalt und Unverwechselbarkeit

Zu Recht halten wir uns alle für Individuen. Selbst eineiige Zwillinge sind einander nicht wirklich ganz exakt gleich, wenn sie sich auch für andere sehr ähnlich sehen können. Einzigartig sind wir Menschen aufgrund dieser Unterschiedlichkeiten. Wir empfinden diese Unverwechselbarkeit als ein besonderes Gut. Sie schenkt uns die Identität mit uns selbst. Wir sind nicht einfach vervielfältigte Ausgaben der Art Mensch. Jeder von uns stellt etwas Besonderes, weil noch nie Dagewesenes dar. Diese »innere Vielfalt« ist bei den Tieren und Pflanzen die Grundlage für die Variationen, die Züchter genutzt haben, um Lebewesen zu »erzeugen«, die anders sind als die Ausgangsform. Wer würde ohne Kenntnis der generationenlangen Züchtungen vermuten, dass Dackel wie Mops die Nachkommen von Wölfen sind? Doch nicht nur in der Individualität der Menschen und in den Ergebnissen der Züchter sehen wir die Vielfältigkeit der Arten. Bei genauerer Betrachtung finden wir viele Beispiele von mehr oder weniger ausgeprägter Variabilität in der Natur.

Überproduktion und Existenzkampf

Charles Darwin kam über die Züchter darauf, die Abweichungen zu beachten, die ganz normal in der Natur auftreten. Zusammen mit der Überproduktion von Nachkommen ergibt sich das, was er das Ringen um die Existenz (*struggle for existence*) nannte. Er meinte damit also weit mehr die Anstrengungen, gleichsam das »Strampeln«, als den später geprägten Ausdruck »Kampf ums Dasein«, von dem der Sozialphilosoph Herbert Spencer sprach und meinte, die Natur sei rot von Blut an Zähnen und Krallen.

Gefahr des politischen Missbrauchs

Bekanntlich verselbständigen sich solche griffigen Ausdrücke schnell. Das ursprünglich Gemeinte wird verbogen oder gar in eine unbeabsichtigte Richtung gedrängt. In Verbindung mit dem gleichfalls von Darwin stammenden Ausdruck vom »Überleben der Tauglichsten« (*survival of the fittest*) war das Grundprinzip der Evolution damit schon wenige Jahre nach der Veröffentlichung von Darwin in eine von ihm selbst nicht gemeinte und gewollte Richtung gedrängt. Sie passte zum Zeitgeist im ausgehenden 19. Jahrhundert; insbesondere zum Kolonialismus und zum Industrie- oder Manchesterkapitalismus.

Evolution und menschliche Geschichte

Es gab also gar keine anfängliche Kluft zwischen der Evolutionsbiologie und den Geistes- und Sozialwissenschaften. Darwin hatte vielmehr den lange gesuchten Schlüssel zum Verständnis dessen gefunden, was längst allgemein bekannt, aber nicht verstanden war. Natur und menschliche Gesellschaften verändern sich nicht nur in Form von Variationen, die schließlich doch immer wieder zum Ausgangszustand zurückkehren, sondern sie entwickeln sich weiter und werden so zur Geschichte. Die menschliche Geschichte stellt unabhängig davon, dass Veränderungen in ihr viel schneller als in der Natur verlaufen, die winzig kleine Spitze der viel längeren Zeitspannen dar, in denen die Naturgeschichte abgelaufen ist. Als geschichtliche Vorgänge sind beide im Grundsatz nicht wiederholbar.

Die Menschwerdung vor fünf Millionen Jahren

Deshalb bleibt uns nichts anderes übrig; als den Entstehungsweg auch des Menschen so hinzunehmen, wie es uns die Fossilien zeigen. Die Menschwerdung nahm ihren ganz allmählichen, unmerklich langsamen Anfang vor mehr als fünf Millionen Jahren, als sich ferne Vorläufer unserer Stammeslinie hinaus auf die afrikanischen Savannen bewegten und anfingen, den Reichtum an Großtieren als Nahrungsquelle, speziell für Fleisch, zu nutzen. Aus einem den heutigen Schimpansen nicht unähnlichen Wald- und Waldrandbewohner, der mehr kletterte und auf allen Vieren lief als aufrecht ging, entstand mit der Zeit der aufgerichtet zweibeinig gehende Mensch. Diese Frühmenschen hatten die Hände frei und ihr Gehirn wurde immer größer, bis es rund das Dreifache des Schimpansengehirns erreichte. Das Fell, das ursprünglich den ganzen Körper bedeckt hatte, wurde lichter, bis es schließlich fast ganz verschwunden war und Platz gemacht hatte für eine Fülle von Schweißdrüsen. Sie kühlen bei Anstrengungen, vor allem bei schnellen Sprints oder anhaltendem Lauf den menschlichen Körper so gut, dass der Mensch als Läufer schließlich der allerbeste geworden war. Kein Landtier kann es ihm gleich tun beim Marathonlauf oder darüber hinaus. Die verfügbaren Fossilien belegen bei aller Lückenhaftigkeit in höchst eindrucksvoller Weise die Entwicklung zum aufrechten Gang und zur Vergrößerung des Gehirns; bis vor rund 150000 Jahren ein Zustand erreicht war, der sich kaum mehr erkennbar vom heutigen Menschen unterscheidet. Zahlreiche Menschenformen liegen auf diesem Weg der Menschwerdung dazwischen; die bekannteste davon ist der so genannte Neandertaler der Eiszeit. Er überlebte als Menschart nicht. Die Überlebenden sind wir, der »moderne Mensch« *Homo sapiens*. Dieser hatte die Fähigkeit zu überleben,

Als das Gehirn größer wurde

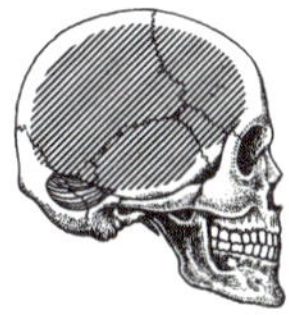

Homo sapiens sapiens

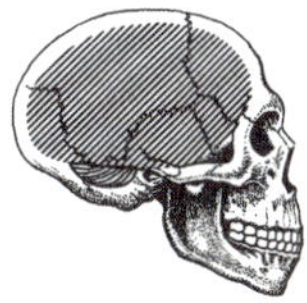

Homo sapiens neanderthalensis

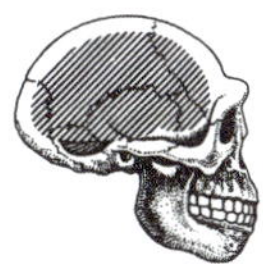

Homo erectus

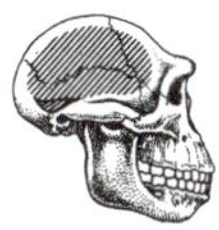

Homo habilis

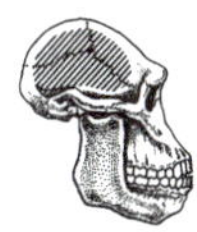

Australopithecus africanus

obgleich er weder die stärkste Menschenform war; noch die Menschenart mit dem größten Gehirn.

Lebenskompetenz

Fit fürs Überleben zu sein, heißt nicht automatisch, über die größte Kraft zu verfügen. Fit sein, bedeutet Lebensgestaltung. Was »tauglich fürs Überleben« ist, ergibt sich erst aus der Rückschau. Die Gegenwart lebt für die Zukunft und diese ist offen. Der momentane Erfolg muss nicht von Dauer sein. Die Geschichte lehrt eher das Gegenteil. Evolution sei zukunftsblind, meinen die meisten Evolutionsbiologen. Das Wechselspiel zwischen Variation und Auslese (Selektion) findet in der Gegenwart unter den gegenwärtigen Bedingungen statt. Auf die Zukunft sei dieses »Spiel« nicht ausgerichtet. Die Evolution hat kein Ziel; kann und darf der Mensch als Teil dieser Evolution folglich auch kein Ziel haben?

»Mutationen sind Ergebnis des Zufalls«

Kennt die Evolution ein Woher und Wozu?

Alle Arten brauchen ihre Umwelt

Die auslesende Wirkung der Umwelt kann man sich leicht vorstellen. Eigentlich experimentieren wir Menschen ja schon seit Jahrtausenden damit, weil wir die Erde verändern und so der Evolution neue Bedingungen geschaffen haben. Es gibt auch jede Menge von natürlichen Umweltveränderungen, wie verheerende Überschwemmungen und Stürme, Vulkanausbrüche oder Klimawandel. Vor 15000 Jahren reichte Gletschereis von den Alpen noch fast bis München und von Skandinavien her bedeckte es weite Teile Nordostdeutschlands. Zehntausend Jahre sind für die meisten Lebewesen »kurz«, denn die Entstehung der Arten dauert in der Regel viel länger. Nahezu alle Tier- und Pflanzenarten, die es gegenwärtig in Mitteleuropa gibt, gab es schon während der Eiszeit. Sie lebten in Rückzugsgebieten, die das Eis verschont hatte, wie auf der Iberischen Halbinsel oder im südöstlichen Balkan und Vorderasien. Andere überdauerten die Vereisungszeiten im fernen Ostasien. Die letzte Eiszeit ging vor gut 10000 Jahren ziemlich plötzlich zu Ende. Eine gewaltige Verschiebung setzte daraufhin in der Natur ein. Sie ist bis heute noch nicht ganz abgeschlossen. Das Wirken der Menschen stellt somit nichts grundsätzlich Neues dar. Züchtungen gehen, da ein Ziel vorschwebt, allerdings weit schneller als natürliche Veränderungen.

Variation und Vererbung

Doch woher kommt die Variation? Zweifellos ist sie die Grundlage dafür, dass sich die Arten verändern können. Wie aber kommt sie zustande? Diese Frage trieb Darwin sehr heftig um, aber er konnte sie nicht beantworten, weil die Natur der Vererbung und die Träger des Erbguts in seiner Zeit noch unbekannt waren. Man wusste nur, dass es Vererbung gibt, aber nicht, wie sie funktioniert. Es war auch klar, dass Kinder nicht einfach Abbilder ihrer Eltern sind, und die Mädchen den Müttern, die Söhne den Vätern gleichen. Selten genug ist das der Fall, so dass sich die meisten Eltern damit herumschlagen müssen, dass ihre Kinder anders als sie sind – und die Kinder umgekehrt genauso!

Kombinationsmöglichkeiten des Erbguts

Inzwischen deckte die Biologie die Natur des Erbguts auf. Sie erwies sich als noch weitaus vielfältiger, als man das angenommen, ja erahnt hatte. Die im Erbgut gespeicherten Informationen können in so unfasslicher Vielfältigkeit miteinander kombiniert werden, dass die Möglichkeiten, die allein in zwei Menschen stecken, in astronomische Zahlengrößen aufsteigen. Lottospiel – Wahrscheinlichkeiten sind winzig im Vergleich zur Kombinationsvielfalt, die uns das Erbgut bereitstellt. Daraus ergibt sich, dass es weder in der Vergangenheit jemals einen Menschen gegeben hat, der mit einem heutigen im Erbgut identisch gewesen wäre, noch dass es jemals wieder einen solchen geben wird! Kein Wunder also, dass die Nachkommen so unterschiedlich aussehen und so verschiedene Anlagen oder Fähigkeiten mitbringen. Die besonderen Qualitäten eines neuen Menschen lassen sich nicht aus den Eigenschaften der Eltern vorhersagen. Weder in guter, noch in schlechter Hinsicht!

Vielfalt dient dem Überleben

Diese Vielfältigkeit schützt uns davor, Erregern von Krankheiten gleich massenhaft zum Opfer zu fallen. Manchmal gelingt es Bakterien oder Viren, in eine menschliche Bevölkerung hineinzukommen, die nicht genügend Vielfalt aufweist. Dann gibt es furchtbare Verluste, wie seinerzeit, als vor rund 500 Jahren die Europäer ihre Krankheiten nach Amerika hinüber getragen hatten. Dort lösten für uns »einfache« oder eher belanglose Krankheiten wie Masern, gewöhnliche Grippe oder Pocken katastrophale Massensterben bei der indianischen Urbevölkerung aus. Normalerweise schützt uns aber die innere Vielfalt recht gut vor den Angriffen der gefährlichen Mikroben. Bei Tieren und Pflanzen verhält es sich grundsätzlich ähnlich. Deswegen brauchen Land- und Forstwirtschaft die züchterische Vielfalt, damit ihre Nutztiere und -pflanzen nicht plötzlich von Seuchen vernichtet werden.

Individualität und Wandel

Die gute Seite dieses Krieges gegen die Mikroben ist die Individualität. Wir brauchen sie also nicht nur, um jeder auf seine Weise sich selbst erkennen und als Individuum einschätzen zu können, sondern auch als Schutz vor den krank machenden oder tötenden Feinden. Die Folge dieser Gegebenheit ist der Wandel. Seit gut einem Jahrhundert wissen wir, dass sich die Krankheitserreger immer wieder verändern und »anpassen«. Mittel, die vorher sehr wirksam waren, verlieren oft viel zu schnell ihre Wirksamkeit. Bei Krankheiten, wie der Malaria, spielt sich der Wettlauf zwischen den Erregern und den Medikamenten gegen sie, buchstäblich vor unseren Augen ab. Noch drastischer zeigte uns das AIDS-Virus die ungemein schnelle Anpassungsfähigkeit und Veränderlichkeit. Natürliche Auslese, Selektion, verursacht weit seltener die »Natur«, die wir zumeist meinen, also Wetter und Klima, Wasser oder Trockenheit oder gar die Naturkatastrophen, sondern weitaus wirkungsvoller greifen die Mikroben in den Gang des Geschehens ein. Krankheiten verursachen oft die hohen Verluste, denen zufolge sich die genetische Zusammensetzung verändert. Solche Veränderungen sind Evolution, weil sie vom Ausgangszustand abweichen und nicht wieder zu diesem zurückkehren.

Zufall und Kopierfehler

Warum ist das so wichtig? Passen wir uns, passen sich die Betroffenen, nicht einfach auch dieser Art von Umwelt an? Das ist richtig! Aber gerade weil es so ist, erfahren wir Entscheidendes über die Veränderungen selbst. Denn von den Mikroben wissen wir, dass die meisten Veränderungen zufällig zustande kommen. Fehler treten beim Kopieren des genetischen Programms auf. Es kommen stückweise Verdoppelungen zustande oder ein Teil des Erbguts wird an anderer Stelle eingesetzt. Bei Zigtausenden von Genen und vielen Millionen einzelner Bausteine sind nahezu unberechenbar hohe Anzahlen von Möglichkeiten dazu gegeben. Was »zufällig« zustande kommt, kann in der neuen Zusammensetzung andere Wirkungen entfalten. Genau darin steckt das Problem mit den Mikroben. Weil sie sich so schnell und gleich in solchen Massen vermehren, gibt es auch entsprechend rasch zufällige Veränderungen, die gegen die benutzten Medikamente resistent sind oder die auf andersartige Weise infektiös werden können.

Doch umgekehrt verhält es sich bei der Fortpflanzung der betroffenen Lebewesen ganz ähnlich. Auch sie mischen ja das Erbgut immer neu und stellen die Mikroben damit vor eine neu formierte Abwehr. Wer für seine Seite einen »Treffer« landet, hängt von den geschilderten Zufälligkeiten ab. Die zusammengefasst so genannten Mutationen gelten daher als Produkt des Zufalls.

Eine besondere Form des Zufalls

Das ist richtig und missverständlich zugleich. Denn wir meinen mit Zufall meist das, was beim Würfeln oder bei der Ziehung der Lottozahlen herauskommt. Doch das ist der »reine Zufall« und nicht jener ganz andere, der im Leben und Überleben die Hauptrolle spielt. Im reinen Zufall des Würfelns hat die gerade gewürfelte Zahl keinerlei Einfluss auf die nächste, die kommen wird. »Per Zufall« kann es fünfmal hintereinander die Eins oder die Sechs geben, oder jedes Mal eine andere Zahl. Der jetzige Wurf beeinflusst den nächsten nicht. In der Evolution sieht die Rolle des Zufalles jedoch ganz anders aus. Jede zufällige Änderung hängt davon ab, in welchem Zustand sich das Erbgut befindet und welche Neukombination oder Veränderung lebensfähig ist. Falsche Kombinationen entwickeln sich erst gar nicht oder scheitern zu früh, bevor sich der Träger dieser Änderung wieder fortpflanzen kann. Allein die Voraussetzung, dass sich jede Veränderung in das Leben des Organismus einfügen muss, sortiert einen Großteil der echten Fehler aus.

Kombination von Veränderung

Dennoch brauchen solche Mutationen, die im Erbgut erhalten und weitergegeben werden, nicht gleich oder grundsätzlich vorteilhaft zu sein. Es reicht, wenn sie zunächst keinen Schaden anrichten. Die große Mehrheit aller Mutationen ist daher »neutral«. Sie bleiben unbemerkt und werden mitgenommen, weil sie weder Schaden noch Nutzen bringen. Das kann sich irgendwann ändern, wenn plötzlich solche Kombinationen auftreten, die viele schon vorhandene Änderungen in einen neuen, in einen richtig guten Zusammenhang bringen. Dann werden all diese Änderungen wirksam und das sie tragende Lebewesen kann sich über die nächsten Generationen mit seinesgleichen verändern. Nicht das einzelne Individuum trägt nämlich die Neuerung in sich, sondern viele Artgenossen bereits mit ihm.

Gelenkte Veränderung

Um zu einer nachhaltigen Veränderung zu kommen, würde ein Individuum allein gar nichts beitragen zu können, wenn nicht viele Partner schon vorhanden wären, die bereits ähnlich ausgestattet sind. Im Ergebnis scheint die Entwicklung daher »gelenkt« oder »gerichtet«, weil nur bestimmte Veränderungen zulässig sind. Alle anderen passen nicht, sind nicht fähig zu überleben oder ergeben keine brauchbaren Kombinationen mit Artgenossen, die diese »Mutation« nicht tragen oder ertragen können. Aus diesem Grund war und ist es auch gänzlich undenkbar, einem

Hund durch Züchtung Flügel wachsen zu lassen oder bei Haushühnern das Eierlegen durch das Gebären von lebenden Jungen ersetzen zu wollen. Das Wozu ergibt sich aus dem Woher und nicht aus einer vorgegebenen Richtung oder gar aus einem festgelegten Ziel. Selbst wenn wir Menschen uns ein Ziel vorgeben möchten, muss dieses »realistisch«, also auf die gegebene Wirklichkeit bezogen sein.

Das Woher bestimmt das Wozu

Diese Wirklichkeit beschränkt uns in so vielfältiger Weise, dass die Lösungen, die der Mensch suchte und fand, fast immer mit Hilfe von Technik und mit äußeren, von unserem Körper unabhängigen Produkten, den Gerätschaften im weitesten Sinne, zustande kamen. Fliegen können wir nicht mit eigenen Armen, die Schwingen von Adlern tragen, wohl aber mit Fluggeräten. Beim Laufen stellen knapp 10 Sekunden für 100-Meter-Sprints die biologische Grenze dar. Für Motoren oder Raketenantriebe spielen die Grenzen, die unser Körper setzt, natürlich keine Rolle. Mehr noch: Weil die Vorgänge bei der Neuzusammensetzung des Erbguts in den Organismen keine Möglichkeit haben, in die Zukunft zu blicken, werden sie stets nur in der Gegenwart ihrer Träger wirksam. Die Evolution ist zukunftsblind, wurde bereits betont. Das stimmt hinsichtlich einer bestimmten Zielsetzung. Sie ist jedoch offen, sehr weit offen sogar, für die Zukunft, weil sie mit der unfassbaren Vielfalt an Möglichkeiten zu neuen Kombinationen mehr »bietet« als die Zukunft tatsächlich ausschöpfen und durchprobieren kann.

Evolution ist zukunftsoffen

Was oft als »blinder Zufall« missverstanden wird, beinhaltet eigentlich die denkbar beste Antwort des Lebens auf alle Unwägbarkeiten der Zukunft. Weil das Leben zukunftsoffen ist, konnte es bestehen und wird es weiter erfolgreich bleiben. Komme was da wolle!

Lebendige und nicht lebendige Natur

Damit löst sich die oft aufgeworfene Frage nach dem Woher und Wohin der Evolution ganz von selbst. Das Woher umfasst die ganze Geschichte des Lebens vom allerersten Anfang an, als Materie sich so organisiert hatte, dass Vorgänge ablaufen konnten, die wir in der Rückschau mit dem Leben verbinden: Abgrenzung von innen und außen, Stoffwechsel, Aufnahme und Umsatz von Energie, Fortpflanzung, Veränderung (also Evolution). Alle Teile davon lassen sich in der nichtlebendigen Natur finden. Die besondere Kombination ergibt den Zustand, den wir für »lebendig« halten, aber nicht immer so ganz eindeutig von nicht oder noch nicht lebender Materie unterscheiden können. So tragen Viren prinzipiell gleichartig aufgebaute Information in ihrem Erbgut wie alle »echten Lebewesen« auch. Dennoch müssen sie anders betrachtet werden, weil sie lebende Zellen brauchen, um selbst »lebendig« werden zu können. Man hat die Existenzform der Viren als »geborgtes Leben« bezeichnet. Weniger geheimnisvoll verhält es sich mit unseren Roten Blutkörperchen. Sie sind so kennzeichnend geformt, dass sie bei mikroskopischer Betrachtung mit nichts anderem im Blut verwechselt werden können. Da sie aber keinen

»Geborgtes Leben«

Zellkern und damit auch kein eigenes Erbgut haben, können sie sich auch nicht fortpflanzen. Zum »Leben« brauchen sie das Blut des Körpers, um entstehen zu können das Rote Knochenmark. Sie transportieren Sauerstoff und stellen damit einen ganz und gar unentbehrlichen Bestandteil des Körpers dar. Sie entstehen, wachsen und sie altern, bis sie schließlich nach rund 100 Tagen, wenn ihnen sonst nichts passiert, vergehen.

Die modernen Methoden der Analyse erlauben es inzwischen, freies Erbgut etwa im Boden oder in unseren Ausscheidungen nachzuweisen. Bruchstücke von DNA-Erbgut halten sich noch lange in den Resten von Lebewesen, die nach und nach zerfallen. Für sich allein genommen sind sie natürlich nicht mehr lebendig, auch wenn sie vordem die Informationen getragen hatten, die für das Leben der Art, von der sie stammen, die unentbehrliche Voraussetzung gewesen waren. Lebendiges und Totes sowie Unbelebtes gehen somit andauernd ineinander über. Das Wohin stellt sich als Frage daher beim Menschen, wenn er nach Sinn und Zweck sucht. Die Evolution als Ganzes erweist sich als großartiger Vorgang, bei dem im Verlauf von rund 4000 Millionen Jahren auf der Erde eine phantastische Vielfalt von Lebewesen entstand, die nachhaltig und anhaltend die äußere Natur der Erde veränderten.

Ende der Entwicklung?

Zusammen mit Millionen anderer Arten gehören wir Menschen zum derzeitigen »Ende« der Entwicklung. Sie ist jedoch mit Sicherheit nicht zu

Ende gegangen, wie die Rückschau in die Vergangenheit beweist. Vielmehr stehen wir auf all dem »Woher« der Vergangenheit, also auf den vielfältigen Erfolgen des Lebens, und versuchen mit unseren so kläglich begrenzten Möglichkeiten in die Zukunft zu blicken. Weil wir ein Ziel brauchen, um uns selbst und unseren Lebensweg zu bestimmen. Wir möchten uns nicht als Ergebnis glücklicher Zufälle verstehen, sondern als sinnvolles Ergebnis auf dem Weg zum Menschen und weiter in die Zukunft. Zu oft ziehen wir dazu aber den falschen »echten Zufall« heran, anstatt den »richtigen«, den vom Vorhandenen gelenkten Zufall zu Grunde zu legen. Die Vergangenheit, insbesondere das Aussterben, sagt uns vielleicht mehr über die Zukunft!

»Die Dinos sind ausgestorben, und der Mensch wird auch verschwinden«

Katastrophen in der Erdgeschichte

Sprunghafte Geschichte

Über die Ursachen forschen und streiten die Wissenschaftler zwar im Detail, aber die Ereignisse sind in den Grundzügen bekannt. Die Fossilien ergeben, nach zunehmendem Alter gereiht, keine gleichmäßige Abfolge der Entwicklung. Vielmehr gibt es lange Zeiten mit nur langsamen, geringfügigen Veränderungen, die von kurzen Zeiten unterbrochen werden, in denen offenbar sehr viel geschah. Ein Blick auf die Zeittafeln zur Erdgeschichte verrät, dass das auch so sein muss. Wie sonst könnte die Forschung auf die Idee kommen, so »krumme« Zahlen für die Abgrenzung der Erdzeitalter zu verwenden, wie das »Ende der Kreidezeit« vor 65,3 Millionen Jahren oder die Jurazeit, die von 213 bis 144 Millionen Jahre vor unserer Zeit gedauert hatte. Es wäre doch weitaus einfacher, die Vergangenheit so schön und klar nach Jahrtausenden, Zehntausenden oder Millionen von Jahren zu unterteilen.

Bekanntlich geht das auch in der menschlichen Geschichte nicht so. Wir haben uns damit beholfen, die Zeit nach dem angenommenen Jahr von Christi Geburt zu gliedern. Davor zählen wir rückwärts, danach vorwärts. Aber die Gründung Roms im Jahre 753 v. C. fügt sich nicht schön in den Rahmen. Im Schulunterricht müssen wir sie lernen und vielfach bedient man sich irgendwel-

Zeittafel

Mio. Jahre	Zeitalter	Periode	Entwicklung der Lebewesen
1,8	Erdneuzeit	Quartär	Erscheinen des Menschen
65		Tertiär	erste Hominiden Entfaltung der Blütenpflanzen Radiation der Säugetiere und Vögel
145	Erdmittelalter	Kreide	erste Primaten erste Bedecktsamer Aussterben der Ammoniten und Saurier
208		Jura	Palmfarne erste Vögel Vorherrschen der Dinosaurier und Ammoniten
245		Trias	erste Säugetiere Vorherrschen der Nacktsamer
290	Erdaltertum	Perm	Samenfarne säugerähnliche Reptilien Radiation derReptilien
360		Karbon	Bärlapp- und Schachtelhalmwälder erste Reptilien Amphibien herrschen vor
410		Devon	erste Amphibien erste Insekten große Vielfalt der Knochenfische
440		Silur	erste Gliedertiere besiedeln das Land Entfaltung der Stachelhäuter erste Landpflanzen
500		Ordovizium	erste Kopffüßer erste Wirbeltiere Rundmäuler
545		Kambrium	Algen die meisten Stämme der Wirbellosen erscheinen
2500	Präkambrium	Proterozoikum	vielzelliges Leben erste Tiere
3500 4500		Archaikum	älteste bekannte fossile Prokayoten

cher Gedächtnisstützen. Die Französische Revolution von 1789 veränderte die Geschichte Europas, wie die Landung von Christoph Kolumbus in Amerika im Jahre 1492. Die Geschichtsbücher sind voll von solchen Jahreszahlen oder noch genaueren Daten, die nicht in ein einfaches Schema passen. Weil die geschichtsträchtigen Ereignisse auch nichts mit der Zeit an sich zu tun haben. Sie treten ein aus den Gründen, die dazu den Anlass gegeben haben, aber nicht weil es »an der Zeit« gewesen wäre.

Erdgeschichtliche Ereignisse

Die Zeiten, mit denen die Geschichte der Erde und des Lebens unterteilt wird, beruhen auf solchen erdgeschichtsträchtigen Ereignissen. Zumeist haben sie mit einem massiven Aussterben zu tun, weil irgendetwas geschah, das die bisherigen Bedingungen auf der Erde ziemlich schnell veränderte. Dann starben viele Arten aus. Die Serie ihrer fossilen Reste reißt plötzlich ab.

Aussterben der Dinosaurier

So verhält es sich an der erdgeschichtlich gegenwärtig berühmtesten Grenze, dem »Zeitschnitt« zwischen der Kreidezeit, die noch dem Erdmittelalter zugerechnet wird, und dem Beginn der Erdneuzeit vor etwas mehr als 65 Millionen Jahren. Davor beherrschten rund 100 Millionen Jahre lang große, in manchen Formen wahrhaft riesige Echsen die Erde. Allgemein bekannt wurden sie durch den Film »Jurassic Park« mit seinen Hauptfiguren, vor allem mit dem Schrecken erregenden *Tyrannosaurus rex*. Sehr viele Kinder und Jugendliche kennen den schon fast liebevoll T-rex genannten Riesen mit seinem langen, massigen Schwanz, der auf zwei gewaltigen Hinterbeinen aufgerichtet ging, lächerlich kleine Arme, aber ein schauriges Gebiss hatte. Nicht nur diese so bedrohliche Riesenechse, sondern noch gewaltigere, aber »friedlich« sich von Pflanzen ernährende Dinosaurier hatte es in der uns so unwirklich fern erscheinenden Kreidezeit gegeben. Alle starben sie aus; und nichts blieb von ihren großen, ja großartigen Formen erhalten, auch wenn noch so intensiv nach den letzten Überlebenden von ihnen in unzugänglichen Tropendschungeln geforscht wird. So unglaublich es auch klingen mag, es überlebten solche Verwandte der Dinosaurier, die wir ohne genauere Kenntnisse ihnen gar nicht zuordnen würden, nämlich die Vögel. Ihre große Zeit begann; als die Dinosaurier ausgestorben waren.

Von der Kreidezeit zum Eozän

Neben den Vögeln; und stärker als diese an den Boden als Lebensraum gebunden, entfalteten sich nach dem Ende der Dinos die Säugetiere. So lange jene noch lebten, waren die meisten noch recht klein und unbedeutend, großen Spitzmäusen nicht unähnlich. Doch schon in wenigen Jahrmillionen blühten die Säugetiere regelrecht auf. Ein sehr bedeutender Zeitabschnitt zu Beginn dieser »neuen Zeit« nach dem Ende der Dinos wird »Eozän« genannt. Man kann diese Zeitspanne, die von 58 bis 37 Millionen Jahre vor unserer Zeit gedauert hatte nach dem altgriechischen Wort ›Eos‹ für die Morgenröte auch die Morgenröte der Zeit der Säugetiere nennen. Damals entwickelten sich die heutigen Säugetiere in den Grundzügen ihrer Vielfalt und Unterschiedlichkeit. Doch auch in der neuen Zeit ging das Leben nicht einfach seinen Gang weiter. Es gab eine ganze Reihe von kleineren, jedoch sehr markanten Einschnitten, die jeweils eigene Namen tragen; die letzte davon ist das so genannte Eiszeitalter, das mit der letzten der vier großen Eiszeiten vor gut 10000 Jahren zu Ende ging. Die Gegenwart stellt nach allem, was wir wissen, nichts weiter als eine Zwischeneiszeit dar.

Katastrophen und Vernichtung von Leben

Was also steckt hinter all diesen Zeiten, die so zungenbrecherische und schwer verständliche Namen tragen? Zustande gekommen sind sie durch die Tatsachen, welche die Fossilien belegen. Das Leben wurde auf seinem Weg durch die Zeiten offenbar immer wieder von mehr oder weniger gewaltigen Katastrophen getroffen. Dabei geriet es mitunter fast aus der Bahn und an den Rand der Vernichtung. Vor etwa 400 Millionen Jahren wäre es beinahe ganz zu Grunde gegangen. Das Ende der weitaus besser bekannten Dinosaurier wurde wahrscheinlich – so der gegenwärtige Stand der Forschung – durch ein Zusammentreffen von mehreren gewaltigen Einschlägen von Riesenmeteoriten und Vulkanausbrüchen ausgelöst. Sie veränderten weithin auf dem Land wie auch im Meer die damaligen Lebensbedingungen so sehr, dass nahezu alle Tiere ausstarben, die mehr als 10 Kilogramm Körpergewicht hatten. Das Meer muss seinen Zustand plötzlich so stark verändert haben, dass ein noch größerer Anteil des Lebens in diesem größten und für gewöhnlich stabilstem Lebensraum zu Grunde ging. Mehrere Krater, die sich auf die Einschläge von Meteoriten zurückführen lassen, und die zeitlich passen, sind näher untersucht worden. Noch kann nicht abschließend beurteilt werden, welcher der »richtige Krater« ist oder ob dieser schon gefunden wurde. Aber dass es kosmische Katastrophen gewesen sind, die auch eine extrem starke Vulkantätigkeit auf der Erde ausgelöst haben, daran wird kaum noch gezweifelt.

Himmlisches Bombardement

Es gab sie immer wieder, diese Treffer von Meteoriten. Wir können sie direkt sehen, wenn wir mit einem guten Fernrohr unsere Blicke auf den Mond richten. Über und über ist er gezeichnet von den Einschlagskratern. Manchmal trifft ein viel kleinerer die Erde, wie vor wenigen Jahren ein Eisenmeteorit die Gegend bei Neuschwanstein am bayerischen Alpenrand. Die noch kleineren bestaunen wir als »Sternschnuppen« am Nachthimmel. Zu bestimmten, von den Astronomen sehr gut vorher berechenbaren Zeiten treten sie in regelmäßig wiederkehrenden Schwärmen auf. Darüber hinaus bombardiert uns die Sonne unablässig mit gefährlicher Strahlung, vor der uns vor allem die Ozonschicht in der Atmosphäre schützt. Als es diese noch nicht gab, weil nicht genügend Sauerstoff in der Luft angereichert war, konnte das Leben auch das feste Land nicht besiedeln. Nur im Wasser des Weltozeans war es geschützt genug vor der Strahlung.

Die Chancen der Gefahr

Dennoch hat sie auch ihr Gutes. »Treffer« dieser Strahlung können im Erbgut Veränderungen, Mutationen, auslösen, die sich irgendwann als günstig im Zusammenhang mit anderen, schon vorhandenen oder neu hinzu kommenden Mutationen erweisen. Gerade weil das Leben unablässig Gefahren ausgesetzt ist, kann es sich auch mitunter recht schnell verändern. Würden die Lebensbedingungen vor einer halben Milliarde Jahren sich nicht mehr verändert haben, gäbe es zwar jede Menge Bakterien und einzellige Lebewesen im Meer, aber nichts von dem, was wir als »höheres Leben« bezeichnen und schätzen. Keine Pflanzen hätten jemals das Land erobert und für Tiere bewohnbar gemacht. Es wären keine Wälder entstanden, keine Insekten, keine Blüten und weder Vögel noch Menschen wären auf dem öden, nackten Land vorstellbar. Katastrophen haben also auch ihre positiven Seiten, auch wenn wir ganz anders denken, falls sie uns selbst betreffen.

Die Folge davon ist, dass der Lebensweg keine Gerade, schon gar keine Autobahn, darstellt, sondern ein vielspuriges, wirr erscheinendes, sich manchmal scheinbar rückwärts wendendes Netzwerk von Wegen, Pfaden und breiten Bahnen. Allesamt führen sie zurück zum Anfang. Jeder Weg wurde durch Katastrophen vielfach abgelenkt und die meisten wurden von solchen sogar völlig abgeschnitten. Von ihnen übrig geblieben sind die Fossilien. Sie verweisen auf die toten Enden. Davon gibt es weit mehr als solche, die es allen Widrigkeiten zum Trotz geschafft haben, bis heute zu überleben.

Aussterben als Normalität

Vorsichtige Bilanzen besagen, dass der allergrößte Teil der Lebewesen –Einzeller und Bakte-

Lebende Fossilien

rien, die die wahren Überlebenskünstler, sind wohl ausgenommen –, nicht auf Dauer überlebt hatte, sondern ausgestorben ist. Mit 90 bis 99 Prozent »Fehlschlägen« ist zu rechnen. Das Aussterben ist also völlig normal im Gang des Lebens; außergewöhnlich sind die so genannten lebenden Fossilien. Damit meint man solche Arten von Lebewesen, die es seit vielen Jahrmillionen in nahezu unveränderter Form bis heute gibt. Berühmteste Beispiele sind die Quastenflossen-Fische aus der Tiefsee im Indischen Ozean, das Schnabeltier Australiens, die Brückenechsen von Neuseeland oder der Ginkgo-Baum. Quastenflosser sind Fische, die mit beinähnlichen Flossen an den Felsen »laufen« können und so zeigen, wie sich allmählich aus Flossen Beine entwickelt haben. Die Brückenechsen gelten sogar als noch älter als die Dinosaurier. Das Schnabeltier sieht aus wie eine Vermischung von Vogel und Säugetier. Denn es hat einen entenartigen Schnabel, ein Fell wie Säuger und Milchleisten dazu, legt aber Eier. Der Ginkgo aber gemahnt an die ferne Vergangenheit; als die Bäume angefangen hatten, ihre Blätter in »Nadeln« oder zu »Laub« weiter zu entwickeln.

Biologische Menschwerdung

Es gibt noch weitere solcher Zwischenformen. Sie belegen die Kontinuität der Entwicklungen, auch wenn es Zeiten sehr schneller Veränderungen gegeben hat. Bei uns Menschen gehören Fossilien mit eindeutig aufrechtem Gang, aber Schädelgröße und -form, die sehr stark an Menschenaffen erinnert, zu solchen Zwischen- oder Übergangsstadien. Es war wahrscheinlich auch eine Katastrophe, die den Anstoß zur eigentlichen biologischen Menschwerdung gegeben hatte. Vor zweieinhalb bis drei Millionen Jahren schloss sich die Landbrücke zwischen den beiden Kontinentalblöcken von Nord- und Südamerika und wurde über eine Reihe von Vulkanen zu dem, was wir heute die »mittelamerikanische Landbrücke« nennen. Als sie vor etwa drei Millionen Jahren weitgehend fertig war, erzeugte sie einen besonderen Meeresstrom, der das Klima der ganzen Erde seither verändert hat und nach-

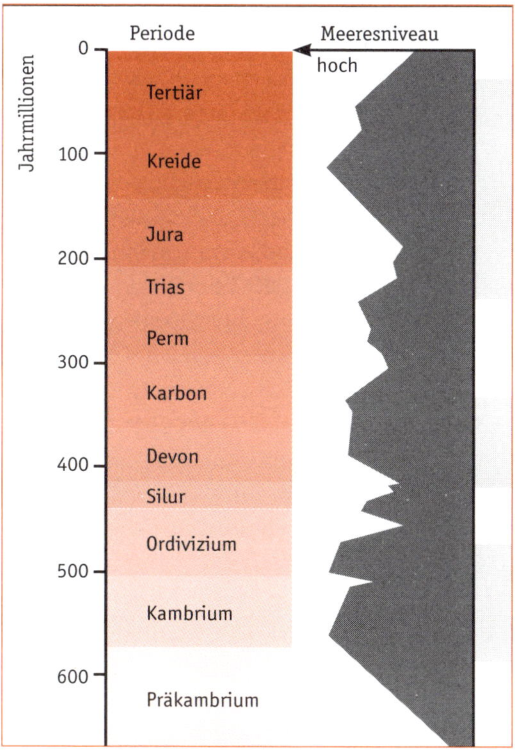

Große Katastrophen

haltigst beeinflusst, den Golfstrom. Seine warmen Wassermassen ließen die riesige Eiskappe über dem Nordpol weitgehend abschmelzen und das vorher ziemlich ruhige Klima aus dem Gleichgewicht geraten. Es setzte die »eiszeitliche Klimaschaukel« mit ihrem Wechsel zwischen Kaltzeiten (= Eiszeiten) und Warmzeiten (= Zwischeneiszeiten) ein, der bis in unsere Gegenwart andauert. Zusammen mit gewaltigen Vulkanausbrüchen in Ostafrika gestalteten diese erdgeschichtlichen Großereignisse das Leben neu. Für noch in den Tropenwäldern Afrikas vorhandene Formen von Menschenaffen wurde die an Großtieren so reiche Savanne mit dem Wechsel von Regen- und Trockenzeiten ein ergiebiger neuer Lebensraum.

Die fernen Vorfahren der Menschen schafften es, sich diese neuen Lebensmöglichkeiten nutzbar zu machen. Sie gewannen mit mehr Fleisch in ihrer Nahrung ganz erhebliche Vorteile. Diese äußern sich bis heute in mehr Kindern pro Frau und weit längerer Betreuungszeit des Nachwuchses als bei den Menschenaffen. In der Bilanz ergab sich etwa eine Vervierfachung bis Verfünffachung der Fortpflanzungsleistung für die werdenden Menschen. Die Katastrophen hatten dazu die neuen Rahmenbedingungen geschaffen.

Das Ende des Neandertalers

Von anderer Art war die Katastrophe einer plötzlichen Verbesserung des Klimas am Ende der letzten Eiszeit. Sie nahm dem größeren und stärkeren Menschen, dem Neandertaler, seinen

Lebensraum und vor allem seine Lebensgrundlage; die vor allem aus der Jagd auf Großwild bestanden hatte.
Der aus Afrika gekommene, neue Mensch hingegen ergriff diese Chance und wurde Sieger im evolutionären Wettstreit mit seinem Konkurrenten.

Wir alle stammen von diesen Menschen ab, die aus Afrika gekommen waren und sich vor 70 bis 50 Tausend Jahren anschickten, die ganze Erde zu besiedeln.

Die Verantwortung der Zukunft

Können wir also dem allgemeinen Aussterben mit Zuversicht entgegensehen? Viele Katastrophen hat die Art gemeistert, der wir alle angehören. Wie viele sie noch überleben wird, kann niemand voraussagen. Überlegungen, dass die durchschnittliche Existenzzeit einer Art (bei Säugetieren) mindestens eine Million Jahre beträgt, mögen tröstlich erscheinen. Der Neandertaler überlebte rund 200 000 Jahre, also ein gutes Stück länger als der moderne Mensch. Für diesen »modernen Menschen«, für *Homo sapiens*, ist es jedoch ohne Belang, wie der Durchschnitt für andere Lebensformen aussieht. Für die Zukunft des Menschen geht es wohl erstmals in der gesamten Geschichte des Lebens darum, wie sich der Mensch benimmt, wie wir uns verhalten! Wir haben es in der Hand, unser Überleben zu sichern und die Zukunft lebenswert zu erhalten. Ob wir dieser Verantwortung gerecht werden können, hängt auch keineswegs davon ab, was für ein

Erbe wir in uns tragen. Die Genetik spielte bis in unsere Gegenwart die überwältigende Rolle in der Evolution. Deshalb verlief sie so langsam. Mit der Entstehung der Kultur sind die Entwicklungen vielhundertfach beschleunigt worden. Was das bedeutet, ergibt sich am besten aus einer genaueren Betrachtung der Genetik in der Evolution des Menschen.

Der Blickwinkel der Sozialwissenschaften

»Der Mensch ist nichts als ein höher entwickelter Affe«

Welche Rolle spielt die Genetik in der Evolution?

Unser Erbgut ist zu 99 Prozent mit dem des Affen identisch

Genetiker haben das Erbgut von Mensch und Schimpanse verglichen. Ihre Befunde überraschten. Manche, vielleicht viele Menschen waren davon schockiert. Denn zu 98,8 Prozent sollten wir demnach (noch) Schimpanse sein, weil wir die gleichen Gene wie sie haben. Und nur zu etwas mehr als einem Prozent »Mensch«. Alle Menschen sind sich untereinander genetisch aber so ähnlich, dass Unterschiede nur im Promillebereich festzustellen sind. Was besagt dieser ›Ein-Prozent-Unterschied‹ zwischen Affe und Mensch? Zunächst einmal bedeutet der Befund, dass wir Menschen eine ganze Anzahl, nämlich knapp 400 verschiedene Gene in uns tragen, die Schimpansen und andere Menschenaffen nicht haben. Da sich die Stammeslinien von Menschenaffen und Menschen aber bereits vor gut 6 Millionen Jahren voneinander getrennt hatten, würde sich rein rechnerisch ein neues oder anderes Gen alle 15 000 Jahre ergeben. In dieser Zahl wird die Langsamkeit der biologischen Evolution recht anschaulich. Tatsächlich besitzen die Menschenaffen im Wesentlichen sogar dieselben Blutgruppen wie wir Menschen.

Von einer anderen Affenart, die uns noch viel ferner steht, stammen Befunde zu einem weiteren wichtigen Blutfaktor, der z.B. über Erfolg oder Misserfolg von Schwangerschaften mit entscheidet. Das ist der Rhesus-Faktor, benannt nach den südasiatischen Rhesusaffen. Das zeigt: Wir sind Teil des Lebens – und nicht außerhalb der lebendigen Natur!

Aufrechter Gang

Interessant wird es eigentlich erst, wenn wir die Unterschiede näher betrachten, also die 300 bis 400 Gene, die dafür sorgen, dass sich aus einer befruchteten menschlichen Eizelle eben ein Mensch entwickelt und kein Menschenaffe. Was diese Gene, die uns Menschen auszeichnen, bewirken, können wir direkt an uns sehen, wenn wir uns mit Menschenaffen vergleichen. Da springt sogleich ein Unterschied ins Auge, der so ausgeprägt ist, dass die Biologen ganz selbstverständlich dem Menschen eine eigene Gattung zugewiesen haben. Wir sind aufrecht gehende Zweibeiner.

Der »nackte Affe«

Sieht man sich in einem Museum oder auf vergleichenden Abbildungen ein Menschenskelett und eines vom Schimpansen an, so wird auf den ersten Blick klar, dass zahlreiche Unterschiede vorhanden sind. Unser Becken trägt den aufgerichteten Körper wie in einer Schale. Die Beine sind richtige Laufbeine und unterscheiden sich von den Hinterbeinen der Menschenaffen viel stärker als z.B. die Hände und Arme. Erhebliche Unterschiede zeigen sich im Bau des Schädels. Während bei den Menschenaffen der Gesichtsteil von schnauzenartig nach vorn gerichteten Kiefern geprägt wird, fällt am Menschenschädel sofort das Übergewicht des Gehirnschädels mit seiner sehr hohen Stirn auf. Schließlich wissen wir, dass alle Affen behaart sind und auch die Menschenaffen, bis auf Hände und Fußsohlen sowie zentrale Teile des Gesichts, die unbehaart bleiben, ein richtiges Fell tragen, während uns Menschen die weitgehende Nacktheit auszeich-

Mensch und Menschenaffe: Unterschiede im Körperbau (Skelett) weisen den Weg vom Hangeln in Bäumen zum Gehen und Laufen

net. Ein höchst erfolgreiches Buch über den Menschen des Briten Desmond Morris trug deshalb den bezeichnenden Titel »Der nackte Affe«.

All diese Veränderungen beruhen auf Genen, also auf Veränderungen im Erbgut. Kein einzelnes Gen ist vorstellbar, das mit seinem Vorhandensein oder Fehlen plötzlich eine Menschenform aus einem Menschenaffenkörper macht. Zahlreiche Gene müssen bei all diesen und bei weiteren, hier nicht näher genannten Veränderungen mitwirken, dass ein Mensch entsteht. Ein erheblicher, zur Zeit noch nicht näher bekannter Teil der 300 bis 400 Gene, die uns Menschen im Vergleich zum Schimpansen charakterisieren, wird davon in Anspruch genommen. Wenige bleiben übrig, um all das andere hervorzubringen, das wir persönlich für weitaus wichtiger erachten, um Mensch sein zu können.

Geistige Fähigkeiten

Es sind dies Eigenschaften und Fähigkeiten, wie die Sprache, die Fähigkeit, Schrift zu entwickeln, zu erlernen und zu benutzen, Musik hervorzubringen, zu denken, bewusst zu handeln und zu planen. Unser Denken in Zeit und Raum, kurz unser Geist, gehört fraglos weit mehr zum Menschsein als der Körperbau. Missgebildeten, zu aufrechtem Gang nicht befähigten oder anderweitig verkrüppelten Menschen wird ihr Menschsein auf keinen Fall abgesprochen, weil sie nicht (mehr) so aussehen wie ein normal entwickelter Mensch. Sie dürfen ob ihrer Behinderung auch in keiner Weise ausgeschlossen werden. Manche sind zu genialen Geistesleistungen befähigt.

Nichts, absolut nichts kann angeführt werden, was ihnen ihr Menschsein absprechen würde, nur weil sie der äußeren Form nicht entsprechen.

Bedingungen des Menschseins

Die Gene, die den Menschen formal zum Menschen machen, stellen also Bedingungen dar, aber keine Begründungen für das Menschsein. Der Körper ist die Vorbedingung für jeden Menschen. Wer Arme oder Beine verliert, mit Ersatzorganen zu leben hat oder in der Größe von den Durchschnittswerten abweicht, hat deswegen von seinem Menschsein nichts eingebüßt. Diese eigentlich selbstverständliche Klarstellung bekräftigt, dass die bloße Zahl unterschiedlicher Gene oder gar ein Prozentsatz im Vergleich so gut wie nichts darüber aussagt, von welcher Bedeutung die Gene sind und wie sie wirken. Wir müssen sogar damit rechnen, dass nur wenige Gene den eigentlichen Unterschied zu den nichtmenschlichen nächsten Verwandten ausmachen.

Mensch und Schimpanse

Der Schimpanse ist nicht deswegen kein Mensch, weil der weitgehend vierfüßig geht und ein Fell trägt, sondern weil ihm die menschentypischen Eigenschaften fehlen. So verwundert es nicht, dass es trotz umfangreicher und vielfältiger Anstrengungen nicht gelungen ist, Schimpansen, die von Geburt an von Menschenmüttern aufgezogen worden sind und wie Menschenkinder leben und sich entwickeln konnten, zum Sprechen zu bringen. Sie lernten zwar viele Menschenworte verstehen und Symbole richtig zu benutzen, aber keine Sprache. Ihr Denken blieb »schimpansisch«. Es mag durchaus sein, dass sich mancher Hund in seinem Verhalten und mit seiner Lebensweise nicht weniger gut in eine Menschenfamilie eingefügt hat als die zweifellos sehr intelligenten Schimpansen. So nah wir ihnen genetisch stehen, viel näher als dem Hund, so fremd bleiben sie uns doch. Sie werden keine behaarten, etwas komisch gebauten Menschlein, sondern bleiben Schimpansen.

Angeboren – erlernt

Diese Feststellungen scheinen nun die Bedeutung der Genetik ganz erheblich zu vermindern, weil das spezifisch Menschliche dem Anschein nach nicht direkt durch ein bestimmtes Gen repräsentiert wird. Doch so einfach dürfen wir es uns nicht machen zu sagen, so lange kein Gen gefunden ist, das mit Fug und Recht als »Mensch-Gen« zu gelten hat, so lange glauben wir auch nicht, dass das Erbgut für das Menschsein überhaupt eine Rolle spielt. Mit Blick auf die eigenen Kinder lehrt die Erfahrung, dass es beides gibt: Angeborenes und damit genetisch Vererbtes, wie auch Anerzogenes. Seit Jahrhunderten wird darum gestritten, wie groß die Anteile von Angeborenem und Erlerntem sind. Deshalb müssen wir bei der Betrachtung der Genetik und ihrer Rolle in der Menschwerdung nochmals zurück und tiefer zu blicken versuchen.

Verschiedene Entwicklungsgeschwindigkeiten

Sehen wir uns dazu ein Neugeborenes an. Das Menschenkind kommt bei der Geburt mit einem im Vergleich zum Schimpansenbaby oder zu anderen Affenkindern viel zu großen Kopf und einem geradezu unterentwickelten Körper zur Welt. Kopf- und Körperentwicklung scheinen aus dem Gleichmaß geraten. Auch nach der Geburt entwickelt sich der Kopf mit dem vergleichsweise riesigen Gehirn sehr rasch weiter, während der Körper weit dahinter herhinkt. Deshalb dauert es auch rund ein Jahr, bis das Neugeborene anfängt, sich auf die Füße aufzurichten und das Gehen zu versuchen. Schneller erlernt es das Sprechen und die Sprache als die völlige Beherrschung des Körpers. Ein drei- oder vierjähriger Schimpanse ist längst ein blitzschneller, frecher »Lümmel«, wenn das Kleinkind damit beginnt, beim Laufen in Schwung zu kommen. Die nachgeburtliche Entwicklung des Kindes nimmt die doppelte bis fast dreifache Zeitspanne bis zum Selbständigwerden in Anspruch, verglichen mit den Schimpansen. Was sich hierin ausdrückt, sind unterschiedliche Entwicklungsgeschwindigkeiten. Sie betreffen nicht nur die kindliche Entwicklung insgesamt, sondern auch einzelne Phasen. Das Gehirn kommt weit schneller voran

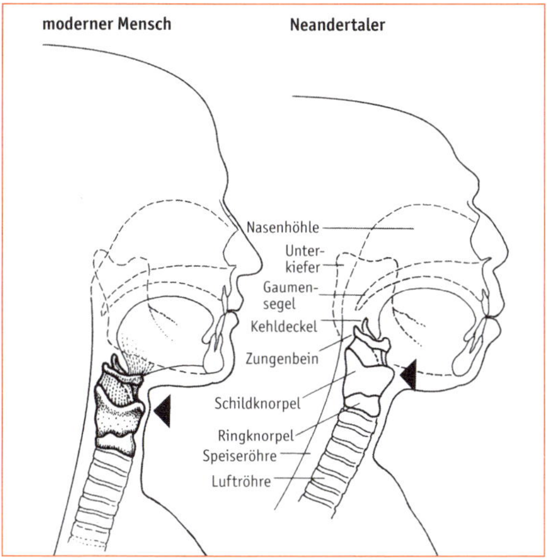

als der Körper, die Hände greifen rascher als die Füße zum Laufen taugen. Als Besonderheit kommt die Verlagerung des Kehlkopfes nach unten hinzu. Anfänglich sitzt dieser beim Neugeborenen noch so hoch, dass dieses gleichzeitig an der Mutterbrust trinken und atmen kann. Dabei verschluckt es sich nicht. Mit der Absenkung des Kehlkopfes gewinnt der Mund- und Rachenraum die Struktur, die eine voll artikulierte Sprache ermöglicht. Aber nun kann sich der Mensch auch verschlucken und sollte tunlichst vermeiden, während des Essens (Schluckens) zu sprechen.

Das Zeitprogramm der Gene

Vorgeburtlich kommt noch etwas höchst Merkwürdiges hinzu. Der sich entwickelnde Fötus bildet ein embryonales Haarkleid aus, das schon vor der Geburt wieder abgestoßen und dann nicht wieder erneuert wird. Die Anlagen zur Entwicklung eines Fells sind also vorhanden. Sie werden jedoch normalerweise nachgeburtlich nicht wieder »angeschaltet«. Nicht das Vorhandensein von Genen an sich ist entscheidend, sondern zu welchem Zeitpunkt der Entwicklung sie tätig werden. Einzelne so genannte Regulator-Gene können durch unterschiedliches Aktivieren anderer somit die weiteren Entwicklungen sehr stark verändern, obwohl sich am Vorhandensein der Gene nichts geändert hat. Kurz gefasst: Der Mensch weicht bei seiner Entwicklung im »Zeitprogramm« weitaus stärker von den Menschenaffen ab; als an dem Grad seiner Abweichung in den Genen abzulesen ist. Der Menschwerdung liegt offensichtlich nicht allein in den anderen Genen als vielmehr an einem anderen Programm begründet.

»Nur wer sich durchsetzt, kommt weiter«

Braucht die Evolution Kooperation und Nächstenliebe?

Vorsprachliches Sozialverhalten

Vieles ist uns angeboren. In Vielem stimmen wir mit den Menschenaffen, unseren nächsten Verwandten im Tierreich, in Verhalten und sozialer Lebensweise überein. Auch andere Tiere reagieren durchaus ähnlich. Wer seinen Hund gut hält und in die Familie aufgenommen hat, weiß auch, wie viel Hunde verstehen können. Sie unterscheiden von sich aus kleine Kinder von Erwachsenen und behandeln sie ihrem Kindsein gemäß rücksichtsvoll als wären es Welpen. Dass dies einem Tier möglich ist, mag verblüffen, weil wir geneigt sind, »menschliches« Verhalten nur dem Menschen zuzubilligen. Tatsächlich verhalten sich aber viele Tiere, vor allem soziale Säugetiere und Vögel so, dass wir ihre Reaktionen gleichsam schon vorausahnen und sie unsere Erwartungen irgendwie verstehen können.

Der Mensch – ein unbeschriebenes Blatt?

Ende des 19. Jahrhunderts und bis in die 2. Hälfte des 20. Jahrhunderts hinein gab es heftige Auseinandersetzungen zwischen Anhängern der Vorstellung, alles Verhalten sei erlernt und müsse im sozialen Umfeld erworben werden, und den Gegnern, die vor allem aus dem Bereich der Biologie kamen. Letztere betonten, dass viele Verhaltensweisen deswegen von Menschen aus anderen Kulturen und sogar von anderen Tieren verstanden würden, weil sie angeboren seien. Die Verhaltensforschung um Konrad Lorenz und Irenäus Eibl-Eibesfeldt lieferte eine erdrückende Fülle von Belegen dafür, dass beides vorhanden ist und im Verhalten eine Rolle spielt; nicht das Erlernte allein. Der Mensch ist kein »unbeschriebenes Blatt« (keine ›tabula rasa‹, wie es wissenschaftlich ausgedrückt wurde!), wenn er geboren wird, aber auch nicht hilflos seinen angeborenen Trieben und Neigungen ausgeliefert.

Was er als Angeborenes mitbringt, hatte die langen Zeiträume seiner Entwicklungsgeschichte deshalb überdauert, weil es das Überleben förderte. Was er in seiner sozialen Umwelt lernt, entspricht dem herrschenden »Zeitgeist« in Familie und Gesellschaft, und nicht unbedingt den Notwendigkeiten des Überlebens. In der Kommunikation mit den Mitmenschen drückt sich beides unwillkürlich aus. Wir benutzen das angeborene, bei allen Völkern und Kulturen ganz von selbst verständliche Ausdrucksverhalten, die so genannte non-verbale Kommunikation, mit Gesichtsmimik, mit Händen, Bewegungen und Körperhaltungen. Diese von einer Sprache unabhängige Verständigung funktioniert recht gut. Sie bildete die Voraussetzung für die Kontaktaufnahme zu ganz fremden, neu entdeckten Menschengruppen, die von der gesprochenen Sprache der Ankömmlinge nichts verstehen konnten. Die verbale Verständigung, die Sprache, wiederum wird von allen Menschen als so genannte Muttersprache erlernt. Ihre Inhalte sind überhaupt nicht angeboren und eigentlich beliebig.

Mimik; Gestik und Sprache

Ausgrenzung durch Sprache

Denn das Wenige, was in allen Sprachen scheinbar als Gemeinsames übrig bleibt, ist viel zu wenig, verglichen mit der nicht-sprachlichen Kommunikation zwischen den Menschen. Zwischen der Fähigkeit zu sprechen und den Sprachen selbst klafft also eine merkwürdige Lücke, die sich eigentlich nicht so recht verstehen ließe, ginge es beim Sprechen nur oder in der Hauptsache um die Verständigung von Menschen miteinander. Was die Sprachen aber bewirken, ist so offensichtlich, dass häufig gar nicht weiter darüber nachgedacht wird. Sie grenzen ›die Anderen‹ aus und halten die eigene Gruppe zusammen.

Eine Menschheit und viele Kulturen

Als Art verhält sich der Mensch gar nicht so wie er das der Natur nach sollte, nämlich als Einheit aller Menschen. Dass diese Einheit so häufig und nicht selten auch so heftig beschworen wird, drückt aus, wie unzureichend sie in Wirklichkeit gegeben ist. Die Sprachen trennen! Sie bilden die Grundlagen für Sitten und Gebräuche. Sprache und Kultur gehören auf das Engste zusammen. Sprache diskriminiert, weil sie fast immer die Sprecher entlarvt: Gehören sie zu »uns« oder kommen sie von »den Anderen«. Weit mehr als das Aussehen oder andere Äußerlichkeiten, wie die Kleidung, lässt sich den Sprachen entnehmen, wie nah oder wie fern die Sprecher zur eigenen Gruppe, Gesellschaft und Kultur stehen. Unbewusst wird sogar innerhalb der Sprachen über die Dialekte, über örtliche Worte, die geprägt und gebraucht werden, nach Regionen, Gruppierungen, Subkulturen, auf dem Land nicht selten sogar nach Dörfern sortiert.

Die Gruppe sichert das Überleben

Und das hat gute Gründe, denn in der Evolution bedeutete der Zusammenhalt, die Identifizierung mit der eigenen Gruppe und dem Stamm, zu dem man gehörte, weit mehr als für die Heutigen eine Lebensversicherung. Der Mensch konnte nur überleben durch Zusammenhalt, durch Kooperation. Im Kern seiner Lebensweise steht die Familie. Sie konnte nur erfolgreich sein, wenn die Kinder entsprechend gut und sicher über die so stark verlängerte Betreuungszeit versorgt wurden. Wie schon ausgeführt, fällt diese bei Menschenkindern doppelt oder dreimal so lange aus wie bei Schimpansen bis zur hinreichenden Selbständigkeit.

Strategien der Gruppenbildung

Für das Überleben zählt in der Evolution nur eines. Das sind die Nachkommen. Wer keine Nachkommen hinterlässt oder zu wenige im Vergleich zu anderen stirbt mit seiner Linie aus. Unter den urzeitlichen Bedingungen, die bis in die jüngste Vergangenheit, nämlich bis zur Entwicklung von Viehzucht und Ackerbau herrschten, hätte es sicherlich niemals ausgereicht, wenn Menschen nur in Kernfamilien gelebt hätten. Die Frau mit hilflosen Kleinkindern vielleicht tagelang zu verlassen, um auf der Jagd oder der Suche nach Fleisch von toten Tieren erfolgreich zu sein, hätte über kurz oder lang mit Sicherheit das Auslöschen der Familie zur Folge. Sie wäre Raubtieren oder Feinden der eigenen Art zum Opfer gefallen. Auch der Geschickteste setzt sich allein im wilden Gelände einer unverhältnismäßig großen Gefahr aus, verglichen mit einer ganzen Gruppe von Jägern. Sie kann sowohl dem Wild nachstellen als auch auf Gefahren achten und sich gegen Angreifer von anderen Gruppen zur Wehr setzen. Bei Tieren, vor allem auch bei Affen, zeigt sich dies vielfach. Die Strategien der Gruppen und die Rahmenbedingungen der Gruppenbildung sind gut erforscht. Zudem wissen wir aus den Forschungen von Völkerkundlern an so genannten Steinzeitvölkern, dass alle zumindest in Großfamilien, meistens aber in Clans organisiert waren, die mehrere solcher umfassten. Über die Zusammenschlüsse wurden so lebenswichtige Maßnahmen möglich, wie Arbeitsteilung, Spezialisierung auf bestimmte Aufgaben oder Leistungen und eben der so wichtige Schutz.

Die Chance der Kooperation

Kooperation zahlt sich aus. Das geht aus allen Studien hervor, die an sozial organisierten Lebewesen durchgeführt worden sind. Die Vorteile wirken in doppelter Weise. Zunächst begünstigt die soziale Kooperation den eigenen Nachwuchs, weil dieser niemals so gut und so gesichert aufwachsen könnte, wie im Schutz der größeren Gruppe. Die Sorge für die eigenen Nachkommen gewinnt mit der Kooperation. Aber auch wechselseitige Vorteile ergeben sich ganz von selbst, denn so gut wie nie wird es jahraus jahrein den gleichen Ertrag aus der Umwelt geben. Auf Tage und Zeiten des Überflusses werden auf jeden Fall solche des Mangels folgen. Wer mit anderen teilt und kooperiert, kann auf deren Bereitschaft, es auch so zu machen, zählen. Das mag nicht immer klappen, denn betrogen wurde vermutlich von Anbeginn an, aber sicher häufig genug, so dass sich kooperatives Verhalten langfristig lohnte.

»Reziproker Altruismus«

Die Egoisten hatten auf Dauer keine Chance. Sie vereinzelten und waren letztlich zum Aussterben verdammt. Wer sich jedoch der Gruppe gegenüber kooperativ verhielt, dessen Altruismus wurde auch immer wieder belohnt. »Gibst Du mir, geb ich Dir!«, sagt der Volksmund. Fachleute nennen das »reziproker Altruismus«, was nichts weiter meint als wechselseitiger Ausgleich von Hilfen oder Leistungen. Der Mensch ist daher aus gutem Grund »von Natur aus gut«, wenn er »den Nächsten hilft«. Nächstenliebe ist so gemeint und sie wurde seit Urzeiten auch so praktiziert. Wer hingegen nur von Anderen nimmt, aber nichts gibt, muss in allen Kulturen dieser Welt damit rechnen, ausgeschlossen oder gar ausgestoßen zu werden.

Gruppenleben durch Sprache

Das mit Abstand beste Mittel, zu diesem wechselseitigen Ausgleich von Leistungen und Interessen zu kommen, stellt natürlich die Sprache dar. Mit ihr verständigen sich die Gruppenmitglieder untereinander. An ihr werden Fremde aus anderen Gruppen erkannt und »eingestuft«. Nur wer versteht, was gemeint ist, kann uneingeschränkt teilnehmen am Leben der Gemeinschaft. Die Sprache vermittelt die Identität. Sie wird deshalb auch unbedingt benötigt, um ein gut funktionierendes Gruppenleben aufzubauen und aufrecht zu erhalten. Von Anfang an beeinflusst, ja prägt sie das Denken der Menschen. Denn was von Klein an in der Gruppe gelernt wird, das prägt sich auf eine fast unauslöschliche Weise ein. Wir wissen, dass Erlebnisse und Eindrücke aus der Kindheit im fortgeschrittenen Alter wieder auftauchen. Oder dass von Krankheiten schwer beeinträchtigte alte Menschen im Gastland, dessen Sprache sie jahrzehntelang uneingeschränkt benutzt hatten, wieder auf ihre Muttersprache zurückfallen.

Heimat als »Nation«

Wir benennen die Gefühle, die mit der Prägung auf die Herkunft verbunden sind, mit den Worten »Heimat« und »Heimweh«. Die Stärke dieser Gefühle drückt aus, ob und in welchem Ausmaß die betreffenden Menschen mit ihrer Herkunft verbunden, »verwurzelt« sind. Für »die Heimat« waren und sind ungezählte Menschen bereit, ihr Leben zu geben. Kämpfe und Kriege verbinden sich mit dieser starken Bindung an die eigene Gruppe, an das eigene Volk.
Im Ausdruck »Nation« steckt das Wort Herkunft (das Geborensein!) und kaum eine andere Bereitschaft, sich mit den eigenen Leuten kooperativ zusammenzutun, wird von so starken Gefühlen begleitet, wie dann, wenn es um die Nation geht. Der guten, ja der besten Seite des Menschen, seine Fähigkeit zu umfassender Zusammenarbeit mit dem Mitmenschen, steht die so dunkle, andere Seite gegenüber, dass er mittels der Ausgrenzung von Anderen für diese zum schlimmsten Feind wird.

Balance zwischen Freiheit und Abhängigkeit

Parallelen dazu im Tierreich sollten uns nachdenklich stimmen: Die am höchsten entwickelten »Staatswesen« bei Tieren gibt es bei Ameisen. In Ameisenstaaten sind die einzelnen Ameisen so sehr dem »Wohl des Ganzen« unterworfen, dass sie auf chemische Signale hin ohne zu zögern umfassend das eigene Leben einsetzen, mit anderen Kolonien Kriege führen, Sklaven halten und raubend umherziehen. Was sie praktizieren, fällt oftmals so »menschenähnlich« aus, dass dieselben Worte benutzt werden, auch wenn weder Denken, noch Strategien vergleichbarer Art dahinter stehen. Der extreme soziale Zusammenschluss hat auch die extremsten Verhaltensweisen »den Anderen« gegenüber hervorgebracht. In der menschlichen Geschichte spiegelt sich vielfach dieses Ringen zwischen Freiheit und Abhängigkeit, zwischen Eigenverantwortlichkeit und einer Staatsräson, die blinden Gehorsam fordert. Ein totalitärer Staat ist genauso unmenschlich wie ein extremer Individualismus unverantwortlich ist. Der Mensch gehört als soziales Wesen in eine menschliche Gesellschaftsform. Nur dann wird er zu jener Kooperation bereit sein, die allen daran Beteiligten zugute kommt.

»Der Mann ist biologisch stärker und durchsetzungsfähiger«

Die Geschlechterrollen in der Evolution

Die Rolle der Geschlechter

Starkes und Schwaches Geschlecht, der Mann als Kämpfer und Krieger, die Frau als Heimchen am Herd und treu sorgende Mutter, die neue Helden zu gebären hat: Zur Rolle der Geschlechter gibt es viele Klischees in den verschiedenen Gesellschaften der Menschheit. Zumeist laufen sie darauf hinaus, dass der Mann der Frau überlegen ist. Aristoteles, der große Gelehrte der Alten Griechen, dessen Lehren und Ideen bis in die Gegenwart nachwirken, vertrat eine gleich dreifache Unterlegenheit der Frau. Sie sei dem Manne an Körperkraft (physisch), geistig (intellektuell) und sittlich (moralisch) unterlegen. Im Durchschnitt der einzelnen Völker trifft die physische Überlegenheit der Männer sicherlich zu. Ihre geistige und sittliche Vorherrschaft hingegen wurde und wird immer wieder in Frage gestellt. In den westlichen Gesellschaften gilt die Frau inzwischen normalerweise dem Mann gleichgestellt; zumindest in juristischer Hinsicht, was Rechte und Pflichten anbelangt. In anderen Kulturen ist das bekanntlich bei weitem nicht so.

Kampf für die Frauenrechte

Die schlimmsten Zurücksetzungen und Demütigungen erfahren Frauen gegenwärtig in vielen Regionen Afrikas. Aber auch in Vorder- und Südwestasiatischen Staaten gibt es keine wirkliche Gleichberechtigung. Die westlichen Fortschritte zur Gleichstellung von Frau und Mann mussten im 19. und auch noch im 20. Jahrhundert schwer erkämpft werden. Beide Geschlechter sind nach wie vor sehr unausgeglichen in den verschiedenen Berufen vertreten. In den modernen Staaten Ostasiens beherrschen die Männer das öffentlichen Leben, was aber wenig aussagt über Rolle der Frauen in den Familien. Dort können sie durchaus die »heimlichen Herrscherinnen« sein.

Spektrum der Natur

Also sollte es im Großen und Ganzen zutreffen, dass der Mann stärker und durchsetzungsfähiger ist als die Frau!? Ist das von Natur aus so? Eignet sich »die Natur« überhaupt als Vorbild und Rechtfertigung für Ungleichheiten in der menschlichen Gesellschaft? Für viele, die ganz klar die Vorherrschaft des Mannes biologisch begründet wissen wollen, tritt bei genauerer Betrachtung der Natur eher Enttäuschendes zutage. Es gibt nämlich, wie fast immer in der Natur mit ihrer schier unerschöpflichen Vielfalt, die unterschiedlichsten »Lösungen« des Geschlechterproblems. Mal dominieren ganz klar die Männchen, bei anderen jedoch die Weibchen. Männchen werden bei manchen Organismen zu Zwerglein degradiert, die wie Schmarotzer am Körper der Weibchen sitzen und nichts weiter zu leisten haben, als gelegentlich, wenn das Weibchen empfängnisbereit ist, wieder einmal Samen abzugeben. Sie sind eine vom Weibchen am Leben gehaltene Spermaquelle, sonst nichts!

Bei zahlreichen Säugetierarten und vielen Vögeln erwecken die Männchen den Eindruck, die starken Helden zu sein, die sich, ihre Kraft und Schönheit zur Schau stellen. Andere dagegen unterscheiden sich äußerlich so wenig, dass man die beiden Geschlechter nur in den seltenen Fällen von Eiablage oder Geburt des Nachwuchses sicher von außen unterscheiden kann. Höchst kooperativ tragen beide Partner praktisch das Gleiche zu Betreuung und Aufzucht der Jungen bei.

Geschlechterrollen

Eine durchgängige Überlegenheit des männlichen Geschlechts findet sich in der Natur nicht. Was allerdings in irgendeiner Weise mit Verhaltensweisen des Menschen überein zu stimmen scheint, dürfte doch ziemlich nachdenklich machen. Zunächst unterscheiden sich die beiden Geschlechter ganz allgemein in einer Hinsicht. Das Weibliche entwickelt weitaus weniger und viel größere Eier als das Männliche Spermien hervorbringt. Der Beitrag des Weibchens liegt zumeist um das Hundert- oder gar Tausendfache höher als jener des Männchens, wenn die Ausstattung der Eier, die Versorgung der sich entwickelnden Jungen oder der Aufwand an Energie betrachtet werden, die in die Fortpflanzung zu investieren sind. Das Männchen erzeugt gleichsam eine Flut von Sperma in »Billigproduktion«. Das war nicht von Anfang an so, hat sich aber in der Evolution so sehr bewährt, dass nahezu die gesamte höher entwickelte Tier- und Pflanzenwelt eine klare Unterscheidung von männlich und weiblich aufweist.

Am Anfang war Gleichberechtigung

Ganz ursprünglich, bei den Bakterien und bei den einzelligen Lebewesen, wurde gleichsam Erbgut in gleichberechtigter Weise ausgetauscht. Männlich und weiblich lässt sich nicht unterscheiden; die Fortpflanzung verläuft über die einfache Teilung der vorhandenen Lebewesen. Doch je komplexer die Lebewesen wurden, desto stärker trennten sich die beiden Formen in echte Geschlechter. Das weibliche Geschlecht bildet Eier, das männliche Samenzellen. Die Eier werden zunehmend besser mit Nährstoffen für das spätere Wachstum ausgestattet. Die Samenzellen im Sperma hingegen bleiben winzig wie sehr ähnliche Bakterien mit beweglichen Geißeln. Aus dem unterschiedlichen Aufwand entsprangen die »Geschlechterrollen«.

Entwicklung der Geschlechterrollen

Beschränken wir uns nun in der Betrachtung auf die beiden uns am besten vertrauten und verwandtschaftlich nahe stehenden Tiergruppen, die Vögel und die Säugetiere, so wird verständlich, warum es bestimmte Verhaltensweisen gibt, die geradezu herausfordernd ins Auge springende Ähnlichkeiten mit dem Menschen haben. Zunächst die Vögel. Bei vielen singen die Männchen zur Fortpflanzungszeit oder entwickeln ein so prächtiges Gefieder, dass wir es als Pracht- oder Balzkleid zu bezeichnen pflegen. Sie machen viel Schau, um die Aufmerksamkeit der Weibchen auf sich zu lenken, die auf schier menschlich aufreizende Weise Desinteresse zur Schau tragen. Dabei wählen sie sehr genau. Ihre Wahl unter den verfügbaren Männchen fällt auf das prächtigste, auf das, welches am besten, am vielfältigsten oder am ausdauerndsten singt oder im Kampf mit anderen Männchen gewinnt. Wo solche Schaubalz praktiziert wird, kann man fast mit Sicherheit davon ausgehen, dass das auserwählte Männchen nach der Paarung das Weib-

Werben und Balzen

chen allein mit ihrem Gelege und später mit den Jungen lässt. Es widmet sich weiter der Balz und hofft sichtlich auf eine neue Chance. Halten hingegen die Partner als Paar lange, vielleicht sogar lebenslang zusammen, unterscheiden sie sich kaum oder äußerlich gar nicht, es sei denn, das Männchen muss stärker sein, um das Revier gegen die Konkurrenz verteidigen zu können. Das Vogelweibchen hatte so zwar die Belastung, in kurzer Zeit ein Gelege im Körper erzeugen zu müssen, das insgesamt vielleicht halb so viel wie es selbst wiegt, dann aber die Arbeitsteilung mit dem so schlicht aussehenden Männchen.

Konkurrenz, Paarung und Brutpflege

Eine durchaus vergleichbare Situation finden wir bei Säugetieren mit besonders großartigen Männchen, die sich ebenfalls so geben; beim Rothirsch etwa. Der Preis für sein zu eindrucksvoller Größe heranwachsendes Geweih und für die Kämpfe mit Rivalen, die der Platzhirsch auszufechten hat, ist die Paarung gleich mit einem ganzen Rudel von weiblichen Tieren, den Hirschkühen. Mancher Hirsch kommt nie zum Zuge. Die Erfolgreichen aber hatten viele Jahre warten und kämpfen müssen, bis es so weit war. Doch es liegt nicht an seiner despotischen Kraft, dass die Hirschkühe beim Platzhirsch bleiben und sich mit ihm und nur mit ihm in dieser Saison paaren, sondern auch sie haben gewählt! Leicht könnten sie alle auseinander laufen, weil der Hirsch höchstens einer von ihnen folgen könnte. Sie tun es nicht, sondern bleiben beim Erfolgreichen – bis er vielleicht schon in der nächsten Brunftzeit von einem anderen Hirsch abgelöst wird!

Funktion der Platzhirsche

Partnerwechsel

Wahl des weiblichen Geschlechts

Auf das ganze Spektrum von Möglichkeiten bezogen, bedeuten diese Beispiele, dass es sowohl eine direkte und mehr oder minder dauerhafte Paarbindung gibt als auch ein extrem unausgewogenes Verhältnis von einem Männchen zu vielen Weibchen. Bei den meisten Arten finden wir weniger krasse, aber in die eine oder die andere Richtung angenäherte Verhältnisse (Seitensprünge eingeschlossen). Im Ergebnis hatte jeweils das weibliche Geschlecht gewählt und gleichsam entschieden, mit welchem Männchen es sich paaren und Nachwuchs bekommen wollte. Das geschieht natürlich nicht bewusst, sondern ganz von selbst, weil die jeweilige Art der (erfolgreichen) Fortpflanzung von den Lebensanforderungen abhängt, denen der Nachwuchs ausgesetzt sein wird.

Kraft, Schönheit, Gesundheit

Die beiden bedeutendsten Anforderungen sind dabei die Lebenskraft der Jungen und ihre Gesundheit. Es ist klar und vielfach nachgewiesen worden, dass starke Jungtiere bessere Überlebensaussichten haben als Schwächlinge. Dasselbe gilt für Krankheiten. Eine der wichtigsten Wirkungen der sexuellen Fortpflanzung, wenn nicht die bedeutendste überhaupt, liegt schließlich in der Neumischung der Gene. Diese erschwert es den Krankheitserregern, die Immunabwehr zu überwinden. Deswegen treffen sich in dieser Funktion auch Kraft und Schönheit. Was die Vogelmännchen zur Schau stellen, ist nämlich keineswegs eine nutzlose »reine Schönheit«, sondern der sichtbare Nachweis dafür, dass sie kerngesund und topfit sind. Ein Vogelmännchen voller Parasiten und Krankheitserregern kann kein prächtiges, symmetrisches und gut erhaltenes Gefieder ausbilden. Gleiches trifft für die Hirsche zu, deren Geweih in Größe und Ebenmäßigkeit ausdrückt, wie gesund und kräftig der Träger ist.

Investition in die Zukunft

Wenn also weibliche Tiere das Männchen auf diese Weise gleichsam auf seine Fitness hin überprüfen, kommt das ihrem Nachwuchs zugute, in den sie als Vogel oder als weibliches Säugetier um so viel mehr zu investieren haben als die Männchen. In die auf den Menschen bezogene Sprache umgesetzt, könnte man es auch so ausdrücken: Weibchen sind wählerisch, weil sie einen (sehr) hohen Einsatz für die Fortpflanzung leisten, Männchen hingegen versuchen jede Chance zu nutzen, die sich bietet.

Sexualität und Rangordnung

Noch immer ohne zu werten, betrachten wir jetzt die Verhältnisse bei den nächsten Verwandten, den Menschenaffen. Ihr Sozial- und Sexualverhalten ist sehr gründlich erforscht worden. Bei den nächsten Verwandten durchzieht ein für viele Säugetiere festzustellendes Verhalten den Bereich der Sexualität. Das ist die Rangordnung. Gesellschaften von Affen und Menschenaffen sind in der Regel ziemlich ausgeprägt hierarchisch organisiert. An der »Spitze« der Gruppe steht das kräftigste Männchen, der Pascha oder ›Alphamann‹. Er hat sich die Position im Kampf erobert; mitunter auch mit geschickten Allianzen und List, nicht nur mit seinen Muskeln allein. Die Weibchen in der Gruppe versucht er zu beherrschen, doch diese verstehen es durchaus, mit eigenen Allianzen gewisse Gegengewichte und teilweise Unabhängigkeiten zu schaffen.

Soziale Funktion der Sexualität

Doch gibt es nun im sexuellen Bereich etwas Merkwürdiges, was die Menschen beim Betrachten der Vorgänge in Zoologischen Gärten fasziniert oder befremdet. Sexuelles Verhalten wird nicht nur direkt zum ersichtlichen Zweck der Fortpflanzung eingesetzt, sondern auch, um Bindungen in der Gruppe zu erzeugen oder gar, wie bei den Bonobo-Schimpansen, um Konflikte zu bereinigen. Diese Schimpansen können geradezu Frieden stiften mit Sexualität, die allerdings nun treffender Erotik genannt werden sollte. Wie ausgeprägt und wer mit wem, hängt von der Zusammensetzung der Gruppe ab. Es ist nicht einfach »von Natur aus« festgelegt. In Schimpansengruppen geht es mitunter weit brutaler zu als in Gemeinschaften der Bonobos. Paarung und Fortpflanzung können zum rechten Zeitpunkt zusammenfallen, tun dies einen Großteil des Jahres aber überhaupt nicht. Die Sexualität hat eine andere, eine soziale Funktion.

Natur ist änderbar

Was lässt sich daraus für den Menschen entnehmen? Erstens, dass die viel gerühmte Natur keineswegs »das« Vorbild für ein gutes Leben »im Einklang mit der Natur« sein muss. Die Bedingungen sind verschieden, die Entwicklungswege, welche die verschiedenen Arten genommen haben, sind es auch. Wenn etwas in der Natur so ist, heißt das nicht, dass es für immer und ewig und überall so sein muss! Genau das ist die Botschaft, die sich aus dem Gewordensein, aus der Evolution ergibt. Zweitens lassen sich Geschlechterrollen keineswegs nur über die Fortpflanzung bestimmen. Beim Menschen allerdings – und dies ist auf das

Nachdrücklichste zu betonen – trägt die Frau mit Schwangerschaft, Geburt und nachgeburtlicher Versorgung der Kinder einen ungleich größeren Anteil an der Fortpflanzung als der Mann. Entsprechend weit höher muss für eine langfristig zukunftsfähige Kernfamilie die Bindung zwischen Frau und Mann, Mutter und Vater, ausfallen als bei den Menschenaffen. Dem vier- bis fünffachen Aufwand der Menschenfrau entspricht biologisch eine entsprechend hohe Verpflichtung des Mannes.

Die Rolle der Bindung

Das Verhältnis zwischen Mann und Frau konzentriert sich aus diesen biologischen Gründen in allen Gesellschaften der Menschen ungleich stärker auf die Bindung als auf die bloße Zeugung. Je kleiner die Kernfamilien werden, desto stärker steigt dieser Bindungsanteil an. In Großfamilien und eng zusammenhaltenden Familienclans garantiert das viel weiter gefächerte Netzwerk sozialer Bindung die Sicherheit des Nachwuchses. Der extreme Rückgang der Geburtenrate in den modernen westlichen Gesellschaften ergab sich aus der weitgehenden Auflösung der Großfamilien. An ihre Stelle trat auf höchst zweifelhafte und gänzlich unzureichende Weise »der Staat« als anonyme Auffangorganisation. Die Folgen sehen wir im gesamten Sozialbereich. Sie stehen in Zusammenhang mit der hohen Arbeitslosigkeit und belasten die Zukunftssicherung durch die Renten. In der Natur würden solche Sozietäten als »sterbend« eingestuft werden. Politische Maßnahmen werden kaum etwas dagegen ausrichten können, so lange sie nicht an den Ursachen ansetzen.

»Alle Menschen sind aus einem Paar entstanden«

Der breite Strom des Lebens durch die Zeiten

Biologische Gründe für das Inzesttabu

Am Anfang waren Adam und Eva. Sie wurden zum Stammvater und zur Stammmutter der Menschen. Kann und sollte man das so wörtlich nehmen? Die Erfahrung zeigte, dass es gefährlich ist, mit zu nahen Verwandten Ehen einzugehen und Nachwuchs zu zeugen. In so gut wie allen menschlichen Gesellschaften gibt es das Tabu von Geschwisterehen. Väter-Töchter-Beziehungen sind wie auch die zwischen Mutter-Sohn als Inzest deklariert und fast überall verboten. Aus guten Gründen, denn sind die Eltern zu nahe miteinander verwandt, besteht das Risiko, dass Schäden und »Fehler«, die im Erbgut bei nahezu allen Menschen vorhanden sind, zusammentreffen und wirksam werden. Die Grundlage der Vererbung liegt nämlich darin, dass väterliches und mütterliches Erbgut bei der Befruchtung in jeweils einfacher Ausführung zusammenkommen und zum »Doppelstrang« der Erbinformation vereint werden. Die Fehler, die auf dem einen Strang auftreten, gleichen die »richtigen Positionen« auf den anderen wechselseitig aus. So entsteht nicht nur die für die Abwehr von Krankheitserregern so wichtige Neukombination, sondern es wird auch weitestgehend vermieden, dass Erbgutschäden auftreten. Aus der Tierzüchtung ist zudem seit langem bekannt, dass man bei der Zucht so genannter reiner Linien zwar schneller zum Zuchtziel einer besonderen Form oder spezieller Eigenschaften kommt, aber der Preis dafür die Anfälligkeit für Krankheiten ist.

Vom Sinn der »Blutauffrischung«

Wenn dennoch nicht selten von »Blutlinien« oder »Geschlechtern«, etwa bei Adeligen, gesprochen wird, so heißt das nicht, dass diese über Inzucht entstanden seien. Im Gegenteil, es musste darauf geachtet werden, dass es zur »Blutauffrischung« kam. Einheirat war und ist stets eine bewährte Lösung, der Bedrohung durch Erbkrankheiten zu entgehen. Sogar bei vielen Tieren sind Verhaltensweisen gefunden worden, die verhindern, dass Verpaarungen zwischen allzu eng Verwandten regelmäßig vorkommen.

Afrikanische Stammmutter?

Nun könnte man aber meinen, das Stammelternpaar sei eben ohne Fehler (im Erbgut) gewesen und daher könnten doch alle Menschen von Adam und Eva abstammen. Gegen Ende des 20. Jahrhunderts war häufig von einer »Stammmutter«, einer »mitochondrialen Eva« zu lesen, die angeblich von der molekularen Genetik gefunden worden sei. Sie sollte vor etwa 150000 Jahren in Afrika gelebt haben. Doch solche Zeitungsmeldungen können erhebliche Missverständnisse hervorrufen. Zunächst ging es darum, den Unterschied im Beitrag zur Vererbung zwischen Vater und Mutter darzulegen. Vom Vater kommt die Samenzelle. Sie enthält in einfacher Ausführung das väterliche Erbgut. In der Eizelle der Mutter trifft es auf das gleichfalls in einfacher Ausführung vorhandene mütterliche Erbgut, vereint sich damit und die Entwicklung kann beginnen. Neues Leben ist entstanden. Die Mutter aber gibt noch mehr dazu. Die

Eizelle enthält nämlich auch all das, was jede normale Zelle haben muss, um längerfristig leben zu können; zumindest so lange, bis sie sich teilen und auf diese Weise erneuern kann. Die Samenzelle kann sich nicht teilen. Sie hat die nötige Ausstattung dazu bei ihrer Entstehung nicht mitbekommen. Insbesondere fehlen winzige, aber äußerst wichtige Bestandteile, die mit dem Fachausdruck Mitochondrien bezeichnet werden. Bei diesen handelt es sich gleichsam um Mini-Organe (wissenschaftlich Organellen genannt). Sie liefern die Energie für das Leben der Zelle. Man könnte sie die kleinen Kraftwerke der Zellen nennen. Diese gibt also nur die Mutter mit dem Ei, das befruchtet wird, dem neuen Lebewesen mit. Die Mitochondrien teilen und erneuern sich selbst. Sie stammen daher alle von der mütterlichen Linie ab. Da auch sie ein wenig Erbgut enthalten, in dem es im Lauf der Zeiten zu Mutationen kommt, lässt sich durch genau Ermittlung der Menge der Mutationen das Alter der Stammeslinie berechnen.

Bedeutung der mütterlichen Linie

In einem einfachen Vergleich könnte man sagen, wenn der Familienname stets nur über die Mütter weitergegeben wird, und es mit der Zeit zu veränderten Schreib- oder Aussprechweisen (durch Dialekte) kommt, sollte sich auch herausbekommen lassen, wann der Name zum ersten Mal aufgetreten ist.

Ursprung der Menschheit

Im Prinzip geht so die Forschung bei der Untersuchung der Mitochondrien vor. Sie dienen als molekulare Uhr; eine Uhr, die sehr langsam tickt. Sie misst die Zeit nicht nach Tagen oder Jahren, nicht einmal nach Jahrhunderten, sondern erst in Tausenden bis Hunderttausenden von Jahren. Was die moderne Molekulargenetik damit fand, war der afrikanische Ursprung von uns Menschen. Er wird nach heutigem Kenntnisstand auf die Zeit vor etwa 150000 Jahren zurückdatiert. Aus Afrika heraus nach Vorderasien und Europa kamen die Menschen erst vor 70 bis 50000 Jahren. Doch da sich in so langen Zeiträumen auch anderweitige Mutationen ereignen und, wenn sie nicht sehr schädlich sind, auch anreichern, ergibt sich die Möglichkeit, die Wege der Menschen damit nachzuverfolgen. Unsere Ausbreitungsgeschichte steht in groben Zügen in den Genen geschrieben. Übrigens deckt sie sich für die letzten 40000 Jahre weitestgehend mit der Geschichte und geographischen Ausbreitung der Sprachen.

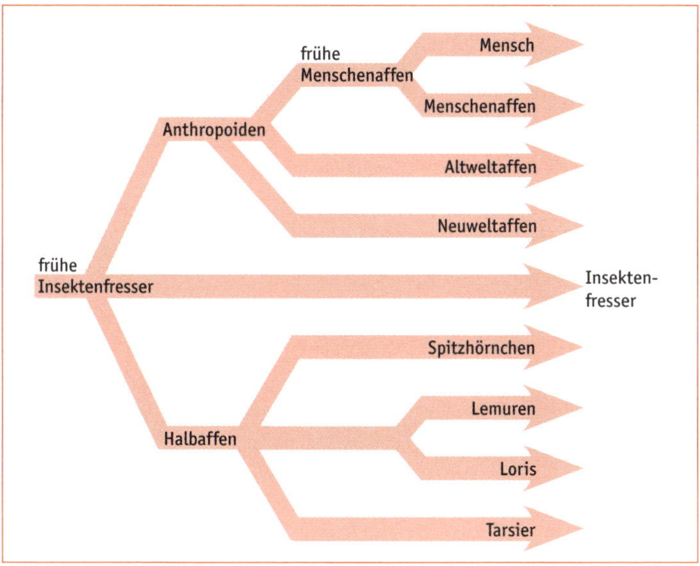

Es gibt kein einzelnes Urpaar

Zurück zu den »ersten Menschen«. Bedeutet die so mitunter bezeichnete »mitochondriale Eva« nun, dass tatsächlich alle Menschen von einer Stammmutter abstammen? Nun, das ist sicher nicht so. Dann gäbe es nämlich bei weitem keine so große genetische Vielfalt bei den Menschen. Vielmehr drücken die molekulargenetischen Befunde aus, dass der Weg der Menschwerdung kein allgemeiner, breiter Strom war, sondern eher eine kleine Abzweigung, die von früheren Abzweigungen stammt und von der zahlreiche »Äste« erfolglos abgestorben sind. Mehrmals hatte es im Entstehungsweg des Menschen kritische Phasen mit Engpässen gegeben. Dabei wäre die Art Mensch beinahe ausgestorben. Andere Menschenarten ereilte dieses Schicksal. Auf den so kräftigen Neandertaler mit seinem großen Gehirn ist bereits hingewiesen worden.

Zusammenhalt und Kooperation beim Überlebenskampf

Nehmen wir die rund 150000 Jahre, seit es biologisch gesehen den heutigen Menschen gibt, dann war er als Art rund 95 Prozent seiner Existenzzeit sehr selten. Erst in den letzten paar Tausend Jahren nahm die Bevölkerung zu; so sehr, dass wir seit rund einem Jahrhundert von der »Bevölkerungsexplosion« sprechen. Die längste Zeit waren also enger Zusammenhalt und gute Kooperation die notwendigen Voraussetzungen für den Überlebenskampf der Menschen in der Natur. Die allermeisten Verhaltensweisen, die wir unbewusst benutzen, stammen aus dieser langen Vorgeschichte. In ihr entstand wohl auch das Phänomen des Krieges von Menschengruppen gegeneinander, gegenseitige Vernichtung mit eingeschlossen. Darum war es falsch, in den »Wilden«, den Naturvölkern, jenen Zustand von Frieden und Einklang mit der Natur erblickt haben zu wollen. Die Indianer Amazoniens etwa bekriegten sich mit mindestens derselben Brutalität, mit der andere große Völker gegeneinander kämpften. Kriege sind keine Folge der Bevölkerungsexplosion der Menschheit, sondern sie begleiteten die Wege der Menschen offenbar von Anfang an.

Wege aus Afrika

Vielleicht waren Kämpfe um Nahrungsgründe auch die Ursachen, dass viel früher schon, vor fast zwei Millionen Jahren, eine erste Menschenart, Aufrechter Mensch *Homo erectus* wissenschaftlich genannt, die Afrikanische Heimat aller Menschen verließ und sich nach Asien und Europa ausbreitete. Seine Gehirngröße lag noch zwischen der von Menschenaffen und Menschen, aber seine Wege führten bis nach Ostasien und auf die indonesische Inselwelt. Eineinhalb Millionen Jahre später folgte der Neandertaler ins eiszeitliche Europa und Westasien. Vielleicht gab es noch weitere Vorstöße von Frühmenschen aus Afrika, zu denen noch keine Fossilfunde vorliegen. Genaueres wissen wir erst vom letzten Spross unserer Stammeslinie, zu dem wir selbst als *Homo sapiens* gehören. Klimaveränderungen und Bedrohung durch Krankheiten dürften die äußeren Triebkräfte für die Auswanderungen aus der afrikanischen Urheimat gewesen sein. Nach neuem Land suchten die Menschen offenbar immer, soweit sie die Füße trugen.

Eine Wurzel des Menschen

Die großartige Botschaft der modernen Molekulargenetik steckt aber in einem anderen Befund.

Sie besagt, dass alle Menschen, die es gegenwärtig auf der Erde gibt, aus einer Wurzel stammen. Es gibt nicht drei, vier oder mehr unterschiedliche, voneinander weitgehend unabhängige und eigenständige Rassen, sondern eine einzige Art Mensch. Die Unterschiede zwischen den Rassen sind oberflächlicher Natur und ohne wirkliche Bedeutung für das Menschsein.

Erklärungsmodelle und theoretische Konzepte

»Es gibt nichts dahinter oder darüber«

Hat sich die Evolution selbst erfunden?

Hat die Evolution einen Sinn?

Der Mensch, das Leben, die Welt, das alles muss doch einen Sinn haben? Wer oder was treibt die Evolution an? Solche und ähnliche Fragen bewegen die meisten Menschen. Dass wir auf unserer Erde nichts weiter seien als »Zigeuner am Rande des Universums«, wie es der französische Nobelpreisträger Jaques Monod ausgedrückt hatte, wollen die wenigsten glauben. Manch angesehener, von der Öffentlichkeit wahr genommener Physiker vermutete oder erkannte vor dem Urknall, mit dem vor mehr als 10 Milliarden Jahren alles begonnen haben soll, oder jenseits der Wirklichkeit den Anstoß oder das Wirken einer höheren Kraft. Besonders Astrophysiker und Physiker, die sich mit dem auf mathematische Formeln verdichteten Unbegreiflichen befassen, landeten in ihrem Denken vielfach bei Gott. Dass dieser aber willkürlich in den Lauf der Welt eingreife und zeitweise die Naturgesetze außer Kraft setze, schließen sie hingegen in aller Regel aus. Das allumfassende Wunder des Seins ist aus naturwissenschaftlicher Sicht nicht teilbar in viele beliebige kleine Wunder, die ohne naturgesetzliche Verursachung geschehen. Auf der anderen Seite möchten viele Menschen dennoch an alltägliche Wunder glauben, die ihnen oder anderen Menschen widerfahren. Sie wehren sich gegen eine Wissenschaft, die für alles Gründe findet. Die eiskalte, rationale Wissenschaft entzaubere die Natur und das Leben, meinen sie, und fühlen sich von ihr bedroht, weil durch die Wissenschaft das Dasein der vielen Wunder beraubt würde. Dem Leben nimmt dies den Sinn, dem Menschen die Hoffnung auf die Ewigkeit.

Viel Gutes, aber auch allzu viel Schlimmes hat die Naturwissenschaft der Menschheit gebracht. Niemand kann dazu eine ehrliche Bilanz ziehen, weil sich die Ansichten darüber, was gut und schlecht war oder ist, zu sehr voneinander unterscheiden. Anders verhält es sich jedoch mit »falsch« und »richtig«. Dogmatische Ansichten lassen sich nicht auf Dauer halten, und wenn sie noch so heftig verteidigt werden. Naturwissenschaft ist ihrem Denken und Forschen nach ein offener Prozess; eine fortschreitende Annäherung an die Wirklichkeit.

Der Befund und seine Bewertung

Seriöse Naturwissenschaft sollte darauf bedacht sein, ihre Befunde und Erkenntnisse von den Schlussfolgerungen, die sie daraus zieht, klar zu trennen. Etwas, das »ist«, zu bewerten, stellt ein anderes Unterfangen dar als die Feststellung selbst. Die häufigsten Missverständnisse ergeben sich aus dieser – unbeabsichtigten oder durchaus auch absichtlichen – Vermengung von Befunden und Wertungen.

Wenn ein Löwe eine Gazelle tötet, stellt dies aus naturwissenschaftlicher Sicht genauso einen Befund dar, wie wenn ein Singvogel eine Raupe fängt oder wir Menschen Tier und Pflanzen töten, um sie zu essen. Wenn ein Löwenmännchen kleine Junglöwen im Rudel tötet, weil er deren Vater im Kampf um das Weibchenrudel besiegte und vertreiben konnte, ist das gleichfalls ein Befund. Die Wertung »Mord«, die beim Töten von Kleinkindern durch Eroberer in der Menschenwelt völlig zweifelsfrei zutrifft, kann nicht auf den Löwen übertragen werden, auch wenn das für uns so wie Mord aussehen mag. Entsprechend sind Spinnenweibchen, die bei der Paarung das Männchen verzehren, keine Mörderinnen und Kannibalinnen.

Wenn wir uns diesen so wesentlichen Unterschied zwischen Feststellung und Bewertung klar machen, können wir den Ablauf der biologischen Evolution vielleicht etwas besser und mehr »von außen« betrachten. Was steckt an Allgemeinem in dieser so geheimnisvollen und erst vor knapp zwei Jahrhunderten entdeckten Evolution?

Vom Einfachen zum Komplexen

Zunächst belegen die Fossilfunde wie auch die moderne Molekulargenetik gleichermaßen ihren Verlauf in Zeit und Raum. Vom Ursprung des Lebens vor mehr als vier Milliarden Jahren an entwickelte sich eine zunehmende Komplexität. Die am einfachsten gebauten Lebensformen sind die ältesten.

Die Kompliziertesten, die am weitesten von der unbelebten Natur verselbständigten Formen sind die jüngsten. Dabei geht es nicht allein um die Größe der Lebewesen, sondern um die Komplexität im inneren Aufbau und in der Leistungsfähigkeit, vor allem im Nervensystem und im Gehirn. Als Grundtendenz lässt sich die fortschreitende Lösung von den Umweltbedingungen feststellen, die »Emanzipation des Lebens«. Es schafft sich vielfach die Existenzbedingungen selbst.

Entstehung von Vielfalt

Aus den langen Zeiten des frühen Ursprungs stammen die Grundlinien der Entwicklung. Sehr klar erscheinen uns in der Gegenwart Tiere und Pflanzen voneinander getrennt, aber in der fernen Anfangszeit der Evolution treffen sie zusammen auf ununterscheidbare Weise. Evolution bedeutet daher auch die Entstehung von Vielfalt, die voneinander getrennt ist und nicht einfach allmählich ineinander übergeht. Die stoffliche Grundlage der Evolution bildet das Erbgut, das Genom. Es enthält die Bau- und Betriebsanweisungen für alle Organismen. Diese sind Computerprogrammen vergleichbar gespeichert und in ihrer konkreten Form wie ein Text »aufgeschrieben«. Sie sind veränderlich. Die Mechanismen ihrer Veränderungen kennen wir: Vervielfältigung, Versatz von Teilstücken, Hinzufügung neuer Information aus anderer Quelle und Änderungen durch Mutationen.

Aufbau aus dem Vorhandenen

Letztere sind keineswegs, wie vielfach und fälschlich angenommen wird, die alleinigen Auslöser von Veränderungen. Sie setzen so komplizierte Gebilde wie die Augen nicht »per Zufall« zusammen, sondern aus der Gesamtheit von Informationen, die im Genom gespeichert sind und die in Zusammenhang mit Lichtempfindlichkeit und Bildung von Lichtsinnesorganen («Augen«) stehen. Hunderte und Aberhunderte unterschiedlicher Augenformen gibt es dazu. Vom einfachsten, auf Licht reagierenden Sehfarbstoff («Sehpurpur«) und Zellansammlungen, die diesen enthalten, über kleine, nach innen gesenkte Grübchen, die einfachste Möglichkeiten zur Richtungserfassung des Lichtes eröffnen, bis zu komplizierten Augen mit Linsen oder ganzen Komplexen von Linsen gibt es alle Übergänge – bis heute! Darin steckt ein weiteres Merkmal der Evolution: Sie baut ausnahmslos auf dem Vorhandenen auf. Nichts kommt plötzlich ganz neu hinzu. Das gilt auch für die so genannten geistigen Prozesse. Wir Menschen nehmen sicherlich zu Recht in Anspruch, einen menschlichen Geist zu haben. Zu gern aber vergessen wir, das »menschlich« hinzuzufügen.

Auch Tiere haben »Geist«

Denn ohne Zweifel sind Vorgänge, die über Nerven ablaufen und in Gehirnen ausgewertet werden, zumindest auch bei vielen Tieren (die wir als »höhere« oder »intelligente« Tiere ganz von selbst einstufen!) vorhanden. Katze und Hund, Vogel und Fisch haben sicherlich auch »Geist«, nur eben nicht den menschlichen! Schimpansen, die uns so nahe stehen, ähneln uns Menschen in zahlreichen Formen des Verhaltens. Sie begreifen viel, was wir tun oder wollen. Auch Hunde können das bekanntlich. Dennoch bleiben sie mit ihrem Geist Schimpansen oder Hunde und werden keine nur etwas unterbemittelten Menschen. Worum es sich bei dem, was wir so ganz allgemein (und nicht auf den Menschen beschränkt) Geist nennen, wirklich handelt, wissen wir nicht. Vielleicht können wir einschränken: noch nicht? Denn auch in diesem Bereich macht die moderne Forschung enorme Fortschritte. Schon sind die Kenntnisse so gut, dass mit »Gentechnik« Veränderungen möglich geworden sind, die man sich in der Zeit nach der Entdeckung der DNS (DNA) nicht hätte erträumen können. Gerade die Gentechnik weist mit ihren Erfolgen nach, dass die Natur des Erbguts und die von ihr getragene und ermöglichte Evolution richtig verstanden worden ist.

Leben und Zerstörung

Nach und nach wird auch die Rolle des Stoffwechsels deutlicher. Das Erbgut kann seine »Anweisungen« nur dann umsetzen, wenn es die Möglichkeiten dazu in den Zellen gibt. Diese stellt der Stoffwechsel her. Viele Abläufe darin sind erforscht und verstanden. Die Forschung wird intensiv weitergeführt, auch um herauszubekommen, warum sich mitunter das Erbgut (oder Teile davon) so ganz falsch verhalten und unkontrolliertes Wachstum in Gang setzen, das nicht mehr oder nur mit massiven, schädigenden Eingriffen von außen zu stoppen ist. Krebs nennen wir dieses rätselhafte Phänomen, bei dem sich das Erbgut wie ein Parasit verhält, der sein eigenes Leben zerstört. Dieser Punkt leitet zu einem noch allgemeineren Befund über: Die Gesamtheit der Lebewesen ist (zumindest aus unserer Sicht) nicht einfach und umfassend »gut«. Die Welt des Lebendigen enthält außerordentlich viel Zerstörerisches.

Schönheit entsteht im Auge des Betrachters. Das gilt seit langem als eine Art von Lebensweisheit.

Wir sollten daher Tiere und Pflanzen nicht nur nach unseren menschlichen Empfindungen »messen«, weil wir von Natur aus damit Schönes von Hässlichem, harmonisch-symmetrisch Aufgebautes von Abartigem und von Missbildungen ganz von selbst unterscheiden.

Die Evolution kennt keine Wunder

Ergibt sich aus alledem die Notwendigkeit, eine lenkende, die Richtung vorgebende Kraft für die Evolution anzunehmen oder gar einzufordern? Die meisten Evolutionsbiologen werden dazu genauso nein sagen wie die Physiker und Chemiker als »exakte Naturwissenschaftler« ein zeitweises Außerkraftsetzen der Naturgesetze durch Wunder ablehnen. Es liegt in der Naturgesetzlichkeit, dass sich die Welt nicht nur in physikalischer und chemischer Hinsicht entwickeln konnte, sondern auch im gesamten Bereich des Lebendigen. Lenkende Eingriffe oder Wunder sind nirgends in der Evolution zu finden oder als Erklärung für die Vorgänge notwendig. Schließlich gibt es auch keine Anzeichen dafür, dass die Evolution einer bestimmten, festgelegten Richtung folgen würde. Im Gegenteil: Sie erscheint uns offen und frei für die Zukunft, nicht vorbestimmt und in eine Bahn gezwungen. Freiheit kennzeichnet den Verlauf – und eben diese Freiheit wollen wir auch für uns, für unser eigenes Leben in Anspruch nehmen. Wir betrachten uns nicht wie Marionetten, denn wenn wir solche wären, hätten wir auch keine eigene Verantwortung und keinen freien Willen. Diesen unseren »freien Willen« näher zu betrachten, gebietet das Nachdenken über die Evolution und über uns selbst.

»Durch die Gesetze der Evolution ist alles festgelegt«

Gibt es in der Entwicklung einen freien Willen und Verantwortung?

Kann ich wollen, was ich will, oder will ich, weil ich (so) wollen muss? An dieser Frage scheiden sich nach wie vor die Geister. Klar ist, dass freier Wille die Voraussetzung von Verantwortung ist. Denn wenn uns Anderes dazu zwingt, sollten wir auch nicht persönlich zur Rechenschaft gezogen werden können. Schnell steckt man in der Klemme, wenn man meint, all das sei doch klar und selbstverständlich.

Entwicklung des freien Willens

Wir Menschen sind frei; wir haben den freien Willen und sollten ihn als Geschenk hoch achten und dieser Freiheit gerecht werden. Erfahrung und Rechtsprechung lehren uns aber, dass auf jeden Fall der Mensch in diese Freiheit erst hineinwächst und dass er sie wieder verlieren kann, noch bevor sein Ende gekommen ist. Ein Neugeborenes äußert zwar mitunter recht lautstark und nachdrücklich seinen Willen, doch dass dieser »frei« sein könnte, nur um die Mutter zu ärgern, wird niemand so recht glauben wollen. Die so genannte Zurechnungsfähigkeit entwickelt sich allmählich. Früher und in manch anderen Kulturen galt der Mensch mit 21 Jahren als erwachsen und voll zurechnungsfähig. Hochbetagte und kranke Menschen können unzurechnungsfähig sein wie ein kleines Kind. Die normale Entwicklung des

Kindes bewegt sich auf volle Verantwortlichkeit zu. Wir nennen das Erwachsenwerden. Schimpansen tun anderen oder den Pflegern mitunter etwas an, das als hinterhältig oder gemein empfunden wird. Für zurechnungsfähig halten wir sie dennoch nicht, auch wenn sie täuschen, betrügen und auf ihre Weise auch lügen können.

Der freie Wille entsteht im Vorlauf zur Zurechnungsfähigkeit. Sicher weiß manches Kind sehr wohl, dass es etwas nicht tun darf. Drückt es nicht das Vorhandensein eines eigenständigen Willens aus, wenn es das Verbotene dennoch tut? Dem bei einer Übertretung ertappten Hund kann man die Peinlichkeit im Gesicht und an der Körperhaltung ablesen.

Motivationen aus tieferen Schichten

Fraglos gibt es einen breiten Übergangsbereich zwischen einem reinen Handeln nach äußeren oder innern Notwendigkeiten, etwa weil das Lebewesen Hunger hat, auf Fortpflanzung von Hormonen eingestellt ist oder sich verteidigt, und der abwägenden Entscheidung, willentlich etwas zu tun oder es zu unterlassen. Selten liegen die Verhältnisse klar, zumal wenn es um die Freiheit des Wollens geht. Notwendigkeiten und Zwänge lassen sich leicht erkennen. Ob jemand aber großzügig aus freien Stücken handelt, oder ob verborgene Absichten ganz anderer Art im Hintergrund sein Tun lenken, bleibt oftmals dem eigenen Urteil überlassen. Fehlurteile treten vielleicht häufiger auf als wirklich richtige. Weil man, wie der Volksmund meint, in die

Menschen nicht hineinschauen kann. Noch weniger geht das bei Tieren. Motivationen können aus »tiefen Schichten« gespeist sein, die erst eingehende Untersuchungen zutage fördern. Psychologie und Psychoanalyse sind aus diesem Grund gleichermaßen erfolgreiche wie umstrittene Wissenschaften geworden.

Freiheit und Notwendigkeit

So gut wie nie lässt sich die Frage beantworten, ob die anscheinend oder nur scheinbar freie Entscheidung denn wirklich auch hätte anders ausfallen können. Darin trifft sich die psychologische Betrachtung mit der historischen am selben Grundproblem. Niemand kann sicher genug sagen, die Geschichte hätte durchaus auch anders verlaufen können, wären Entscheidungen des freien Willens anders ausgefallen. Die Geschichte verlief eben so, wie sie abgelaufen ist, und nicht anders, auch wenn man sich einen anderen Verlauf vorstellen könnte. Eine Wiederholung ist unmöglich. Wenn nun schon der Mensch selbst in seiner eigenen, ganz individuellen Geschichte nicht sicher unterscheiden kann zwischen dem, was in freier Entscheidung so gelaufen ist, weil es so gewollt war, wie sollte dann die Geschichte insgesamt einer Bestimmung folgen oder eine beliebige Abfolge freier Entscheidungen darstellen? Zwangsläufig müssen wir die Problematik ganz allgemein auf den Gang des Lebens ausdehnen, weil wir nirgendwo in der Evolution reine Zwänge von ganz freien Entscheidungen unterscheiden können. Freiheit und Notwendigkeit greifen so sehr und so untrennbar ineinander, dass sie eine Einheit bilden.

Beide Möglichkeiten der Antwort sind daher aller Wahrscheinlichkeit nach falsch, wenn wir die »Feststellung« am Anfang dieses Kapitels als Frage betrachten. Nein, es gibt keine allgemeine Festlegung der Evolution durch unverrückbare »Gesetze«! Nein, es ist auch nicht alles frei! Die Abläufe in der Zeit, die wir als »Evolution« zusammenfassen, zeichnen sich durch beides aus: Bedingtheit und Freiheit! Aus dem in mancher Hinsicht einem langbeinigen Hasen ähnlichen Urpferdchen musste nicht das Pferd entstehen, so wie wir es kennen, aber es konnte so werden, weil die Freiheit dazu gegeben war. Nilpferde oder gar Seepferdchen hätten sich daraus nicht entwickeln können.

Eingeschränkte Willensfreiheit

Vom Alten hängt das Neue ab und wird durch jenes weiter bestimmt und geprägt. Es handelt sich um eine von so genannten Rahmenbedingungen eingeschränkte Freiheit. Wahrscheinlich ist es mit unserem freien Willen auch so. Wir können nur im Rahmen dessen frei entscheiden, was wir wollen können. Vielleicht nimmt die Freiheit der Entscheidungen sogar mit dem Älterwerden ab. Je mehr wir uns auf unserem Lebensweg bereits festgelegt haben, desto schwerer wird es, sich dagegen zu entscheiden und den berühmten, meist doch nicht glückenden Neuanfang zu wagen. Die glücklichen Ausnahmen bestätigen die Regel. Mit wachsender Verantwortung schränken wir die möglichen Freiheiten weiter ein. Manches könnten wir »machen« – und wir dürften es vielleicht auch, weil es nicht schlecht ist und niemandem schadet! Aber die Verantwortung gebietet uns, es nicht zu tun. Der freie Wille wird daher von manchen Forschern, etwa aus dem Bereich der modernen Hirnforschung, als Wunschbild abgetan. Gern würden wir frei sein, können es aber nicht, von unwesentlichen Kleinigkeiten abgesehen.

Wer sich selbst offen und ehrlich prüft, wird schnell feststellen, dass für fast Alles und Jedes »Gründe« (also Zwänge) vorhanden sind. Dennoch tragen wir das Gefühl in uns, doch auch in erheblichem Umfang unser Leben aktiv gestalten und verändern zu können. Wäre uns dies nicht bewusst (geworden), tauchte das Problem »Freiheit« oder »Vorbestimmtheit« gar nicht auf, so wie das Denken erst das Nachdenken ermöglicht.

Entwicklung von Verantwortung

Weil wir aber in einer langen Phase unseres Lebens denken und nachdenken können, werden wir uns auch gegebener Gründe, vorhandener Freiheiten und der Folgen unseres Tun bewusst. Daraus erwächst die Verantwortung. Auch sie stellt nichts Absolutes dar, sondern sie entwickelt sich genauso mit dem Heranwachsen bis zur vollen Verantwortlichkeit und in Abhängigkeit von dem, was wir wissen. Weil das so ist, relativieren wir unsere Urteile unter Berücksichtigung von Alter, Ausbildungsstand und persönlicher Lage der betreffenden Person. Kinder, Ungebildete oder sehr arme Menschen, die um ihr Überleben kämpfen, werden selbstverständlich ganz anders verantwortlich gemacht als Erwachsene, gut ausgebildete und vermögende Personen.

Anpassung und Freiheit

Evolution bedeutet Anpassung und Freiheit. Gerade aus diesem allgemeinen Befund gewinnt der freie Wille des Menschen seine stärkste Stütze. Freiheit ist vorhanden. Aus jeder Einschränkung erwachsen neue, bisher nicht dagewesene Freiheiten. Betrachten wir dazu, um vom Menschen abzusehen, die Evolution der Vögel. Sie nahmen ihren Ursprung in Kriechtieren (Reptilien), und zwar in solchen, die auf die Hinterbeine halb aufgerichtet schnell laufen konnten. Die Vorderbeine waren dabei eher hinderlich. Einige heute noch existierende Reptilien drücken sie bei schnellem Lauf seitlich an den Körper und bewegen sie nicht im Wechselschritt mit, wie wir Menschen beim Laufen die Arme, die vormals auch Vorderbeine gewesen waren. Als nun durch Verstärkung der Stoffwechseltätigkeit dauerhaft warmes Blut im Körper und sich vergrößernde, auffransende Schuppen entstanden waren, wurde der Zustand erreicht, dass die beschuppten Vorderbeine wie eine einfache Tragfläche wirkten und einige Meter Flug ermöglichten. Wir können dies bei Küken beobachten, wenn sie in Freiheit aufwachsen, Federn und Flügelchen entwickeln. Die Verbesserung dieser kleinen Gleitstrecken mit raschen »Flügelschlägen« vergrößert die Reichweite. Bald erreichen die jungen Hühner dann den Zustand, richtig fliegen zu können.

Vielfalt durch Veränderung

Ganz ähnlich muss es sich bei der Evolution der Vögel abgespielt haben, weil zu den verschiedenen Stadien Fossilfunde vorliegen. Diese zeigen, dass es durchaus mehrere, vielleicht sogar viele unterschiedliche Ansätze dazu gegeben hatte. Wichtig ist aber nur, dass nach anfänglicher Einschränkung der Benutzung der vorderen Gliedmaßen und deren allmählicher Umbildung zum flugtauglichen Flügel buchstäblich eine neue Welt erschlossen werden konnte. Aus Echsen, die zwar gut und schnell laufen konnten, aber an den Boden gebunden blieben, waren Vögel geworden, denen der Luftraum der ganzen Erde offen stand. Keine anderen Lebewesen, nicht einmal wir Menschen, wenn wir ohne technische Hilfsmittel sind, können die Erde so umfassend von Pol zu Pol und rund um den ganzen Globus in allen Höhen und tief hinab ins Weltmeer nutzen wie die Vögel. Der konstruktive Zwang der Zweibeinigkeit mit Umgestaltung der beiden Vordergliedmaßen zu den Flügeln eröffnete ihnen den Luftraum. Besser als jedes Flugzeug fliegen sie mit ungleich größerer Sicherheit durch die Nacht über Land und Meer. Sterne reichen ihnen zur Orientierung oder das Magnetfeld der Erde. Dennoch finden sie zielgenau was sie suchen. Viele Millionen Jahre vor ihnen eröffneten sich an Land gehende Fische die große Welt außerhalb des Wassers. So baut auf jede größere evolutionäre Veränderung neue Vielfalt auf.

Das Geistige ist stofflich nicht fassbar

Vielleicht sollten wir Menschen uns mit unserer eigenen Mannigfaltigkeit als eine solcherart neue Stufe des Lebens empfinden. Wir fügen uns damit ein in den großartigen Vorgang der Evolution und heben uns gleichzeitig daraus hervor mit dem Hinausgreifen in die Welt des Geistes. Mag sein, dass dieser noch nicht weit genug entwickelt und gediehen ist, um sich seiner selbst in umfassender Weise bewusst zu werden. Das Geistige existiert dennoch, auch wenn es stofflich nicht fassbar ist. Zur Evolution wäre dies nicht nur kein Widerspruch, sondern vielmehr Fortsetzung der grundlegenden Vorgänge in eine weitere Sphäre hinein. Das Auftauchen des Geistigen, die »Emergenz« von materielosem Geschehen, das gleichwohl an Materie in bestimmter Organisationsform gebunden ist (Nervensysteme und Gehirne), fügt sich nahtlos in das Evolutionsgeschehen und macht dieses noch großartiger; als es bei Betrachtung der rein materiellen Ausdrucksformen des Werdens schon gesehen werden muss. Doch erneut und noch stärker als vordem wirft dies die Frage auf, ob es eine Zielstrebigkeit in der Evolution gibt.

»Die Evolution spielt Roulette?«

Wie viel Zufall – wie viel Notwendigkeit – wie viel Zielstrebigkeit?

Charles Darwin hatte die Evolution nicht erfunden. Der Entwicklungsgedanke war lange vor ihm schon vorhanden. Darwins Leistung bestand darin, mit der ›natürlichen Auslese‹ (*natural selection*) einen nachvollziehbaren Mechanismus vorgeschlagen zu haben, dessen Wirken überprüft werden konnte. Sein Vorbild waren die Tier- und Pflanzenzüchter. Doch diese hatten Ziele. Wenigstens ungefähre Vorstellungen, wie das betreffende Tier oder die Gartenpflanze werden sollte, leiteten ihr Tun.

Darwin oder Lamarck?

Wie kann eine Natur, die nichts weiter ist als der Sammelname für alles, was es an Unbelebtem und Lebendigen gibt, diese Rolle erfüllen? Darwins Schlussfolgerung war, dass die natürliche Selektion eben keine vorgegebene Richtung habe. Diese ergibt sich ganz von selbst auf Grund der herrschenden Bedingungen. An diese, an die so genannte Umwelt, passen sich die Lebewesen an. Das sah auch Jahrzehnte vor ihm der Franzose Jean Baptiste de Lamarck schon so. Doch seinen Vorstellungen zufolge verhielten sich die Lebewesen nicht passiv, sondern höchst aktiv. Der

Jean-Baptiste Pierre Antoine de Monet, Chevalier de Lamarck (* 1. August 1744 in Bazentin-le-Petit; † 28. Dezember 1829 in Paris) war einer der bedeutenden Biologen am Anfang des 19. Jahrunderts.

Hals der Giraffe wäre länger und länger geworden, weil sich die Vorläufer der Giraffen mehr und mehr hochreckten zu den Blättern oben in den Baumkronen.

Vererbung erworbener Eigenschaften

Was das einzelne Lebewesen so erreichte, das, so meinte Lamarck, würde es der nächsten Generation vererben. Die »Vererbung erworbener Eigenschaften« hätte höchst elegant das Problem gelöst, warum Veränderungen in eine bestimmte Richtung ablaufen und nicht, wie man nach Darwins Sicht eigentlich schließen musste, zufällig variieren. Nach Lamarck hätte Evolution schnell gehen können, weil die Organismen etwas wollen, erreichen und das Erreichte eben sogleich weitergeben an ihre Nachkommen. Nach Darwin musste Evolution außerordentlich langsam verlaufen, weil sich die Veränderungen immer nur nach statistischen Zufälligkeiten ergeben, anhäufen und über die natürliche Selektion sortiert werden. Die Befunde der Erdwissenschaften, zumal der Geologie, unterstützten Darwin.

Das Roulette der Evolution

»Stammeslinien« sind nichts weiter als künstlich gezogene Linien, die in Wirklichkeit höchst krumme Wege und ganz unterschiedliche Zeitverläufe hinter sich haben. Als die Natur des Erbguts erkannt war, schien ein für allemal die Frage geklärt, ob die Evolution Ziele habe, wie Lamarck meinte, oder im Sinne Darwins ein Zufallsprozess sei. Die Gene selbst geben keine Richtung vor. Was von Generation zu Generation wirklich zählt, das sind die Veränderungen in der Häufigkeit von Genen und den von ihnen bestimmten Merkmalen. Meistens »stabilisiert« die Umwelt, weil solche Gene bessere Chancen haben, in die nächsten Generationen zu gelangen, die den Umweltbedingungen am besten entsprechen. So lange sich diese nicht nachhaltig und rasch verändern, ändert die Selektion die Richtung nicht. In diesen, zumeist recht lang anhaltenden Zeiten scheint die Evolution Roulette zu spielen. Das Ergebnis bleibt sich im Endeffekt gleich, weil »Rot« und »Schwarz« sehr nahe beieinander liegen. Die zufällig unterschiedlichen Häufigkeiten, mit denen sie auftreten, bewirken nichts. Erst wenn sich die Außenbedingungen stark verändern, kommt Richtung in das »Spiel«, in das evolutionäre Spiel auf der Bühne der Natur.

Druck oder Freiheit?

Richtungsänderungen können auf zwei recht unterschiedliche Weisen zustande kommen. Die eine, überwiegend angenommene beruht auf einem »Druck« der Umwelt. Die betreffende, unter Druck geratene Art weicht nach und nach aus, weil diejenigen Individuen, die gleichsam zum Bereich der dem Druck abgewandten Seite gehören, etwas günstiger dran sind als die dem Druck ganz unmittelbar ausgesetzten.

Neue Lebensperspektiven

Weit weniger bekannt, für die großen Veränderungen aber unvergleichlich bedeutungsvoller ist die ganz andere Möglichkeit: Es haben sich neue Lebensperspektiven ergeben, die genutzt werden können. Die Art, die angefangen hat, diese zu nutzen, entwickelt sich auch ohne Druck in diese hinein. Die Evolution des Menschen gehört zu diesem Modell. Die Nutzung der freien Savanne mit ihrem Reichtum an hochwertiger Nahrung (in Form des Fleisches und der Markknochen von Großtieren) stellte vor gut sechs Millionen Jahren so eine »große Chance« dar. Die fernen Vorläufer der Menschen nutzten sie und gelangten so auf eine ganz neue, höchst vorteilhafte Entwicklungsbahn, während die Vorfahren der Schimpansen und der anderen Menschenaffen diese Möglichkeit nicht ergriffen hatten, sondern in den Wäldern blieben. Sie machen seither kaum nennenswerte Fortschritte – ganz im Gegensatz zum Menschen.

Wiederum tun sich sogleich Parallelen in der jüngeren Geschichte der Menschheit auf. Sie reagierte nicht als Ganzes. Vielmehr folgten einzelne Völker oder Regionen den »fortschrittlichen neuen Möglichkeiten«, während andere im Traditionellen verhaftet blieben und zurückfielen. Manche führen eine Lebensweise wie zu biblischen und vorbiblischen Zeiten, während die fortschrittlichen Völker, die wir heute die »entwickelten« nennen, mit Wissenschaft und Technik enorme Fortschritte machten, die Oberhand gewannen und den weiteren Weg der Geschichte entscheidend bestimmen. Der Selektion durch massiven Druck waren zum Beispiel die Ureinwohner Amerikas ausgesetzt, denen die Europäer verheerende Krankheiten gebracht hatten.

Erfolg baut auf Erfolg auf

Die Bilanz erzeugt zwangsläufig den Eindruck von Zielstrebigkeit, weil Erfolg auf Erfolg aufbaut und Misserfolge bedeuten, dass die betreffenden Bevölkerungen (oder Arten in der Natur) zurückfallen. Der Wandel ist es, der dem Leben Beständigkeit garantiert. Eigentlich wissen wir, dass dies auch in unserem Leben so ist!

Können wir uns mit dieser Zwischenbilanz auch für die großen Abläufe der Entwicklungsgeschichte zufrieden geben? Brauchen wir nicht doch eine alles lenkende Kraft, die zwar viel Freiraum lässt, aber dem Strom des Lebens durch die Zeit Richtung gibt, so wie die Schwerkraft das Wasser eines wirklichen Stroms lenkt, aber keinen bestimmten Weg vorschreibt?

Naturwissenschaft und Transzendenz

Diese Fragen reichen weit über den Forschungsbereich der Biologie und der Naturwissenschaften im Allgemeinen hinaus. Sie kann mit ihrer Denk- und Vorgehensweise, nichts über »letzte Ursachen« aussagen und auch »Endziele« nicht behandeln. Ihr Forschungsbereich ist die erfassbare Wirklichkeit. Was diese Wirklichkeit durchdringt, verlässt oder außerhalb davon existiert, das Transzendente also, ist der Naturwissenschaft nicht zugänglich. Das bedeutet nicht, dass sich Biologen wie alle anderen Naturwissenschaftler auch keine Gedanken dazu machen würden oder gar machen dürften. Sie müssen nur die Grenzen beachten, die ihnen der Stand der Forschung und die verfügbaren, von anderen Wissenschaftlern nachvollziehbaren Methoden setzen. Die fortschreitende Forschung verschiebt beständig die Grenzen des Wissens und des Erforschbaren. Wie viel es jenseits der Grenzen gibt, die zur betreffenden Zeit vorhanden sind, entzieht sich jeglicher Abschätzung. Weil wir nichts über das wissen können, was wir nicht kennen. Jenseits dieser Grenze beginnt daher die Domäne des Glaubens. Doch beginnt sie vielleicht schon mit dem Geistigen?

»Schönheit ist Anzeichen gesunden Lebens«

Wie geistig ist die Evolution?

Monismus

Es gehört zu den Merkwürdigkeiten der Geschichte, dass ausgerechnet der heftigste Verfechter von Darwins Sicht der Evolution in Deutschland, Ernst Haeckel, eine umfassende Geistigkeit der Materie seinem »Monismus« zu Grunde gelegt hatte. Es gibt nichts außerhalb der Natur; alles ist Natur. Materie und Geist sind eins. Jedes Atom trägt sein Quäntchen Geist in sich. Je komplexer die Organisation, desto mehr Geist kann sie erzeugen. Die Milliarden untereinander vernetzter Gehirnzellen stellen die bislang erreichte höchste Stufe der Geistigkeit dar. Wenn sie absterben, verschwindet der Geist. Unabhängig von der Materie kann nichts Geistiges existieren. Daher gibt es weder Seelen noch ein Leben nach dem Tod.

Ernst Heinrich Philipp August Haeckel (* 16. Februar 1834 in Potsdam; † 9. August 1919 in Jena) war ein deutscher Zoologe und Philosoph, der die Arbeiten von Charles Darwin zu einer speziellen Abstammungslehre des Menschen ausbaute.

Diesseits der beseelten Natur?

Diese als Materialismus bezeichnete Sicht mag im Grundsatz von vielen Menschen geteilt werden, nicht nur von Evolutionsbiologen, die sich dann selbst auch mitunter als Agnostiker zu erkennen geben. Großreligionen der Menschheit stecken die beiden Pole ab, die sich daraus ergeben: Ein vollständiges Bezogensein auf das »Diesseits«, weil es kein »Jenseits« gibt, oder eine umfassend beseelte Natur, in die der Mensch eingebettet ist und sich über die Seelenwanderung durchaus auch in anderen Lebewesen wieder finden kann. Das Ringen um Einsicht in das Phänomen des Geistes drückt sich darin aus. Ein völlig geistfreies, rein maschinenhaft-mechanistisches Weltbild vertreten sicherlich nur sehr wenige Menschen.

Zweckfreie Schönheit

Nun kann man sich zwar fragen, was denkt sich eigentlich ein Computer, der mit so viel Daten, intelligenten Verknüpfungen und anderen Computern verbunden ist. Merkwürdigerweise halten wohl die allermeisten Menschen solche Fragen für eine Spielerei oder für eine Denksportaufgabe. »Die Natur« hingegen sind sie bereit zu personifizieren. Sie sprechen über die Natur wie zu Urzeiten von der »Mutter Erde«, von »Gaia« oder einfach auch nur von »der Natur«, die über dem Menschen stehe. Man bescheinigt ihr Schönheit und Vollkommenheit. Und wie gelungenes Menschenwerk einen (oder zahlreiche) Erzeuger hat, so müsse »die Natur« zwangsläufig einen Schöpfer haben, der all das Schöne und Vollkommene in ihre Entwicklung legte. Alles passt so wunderbar zueinander. Darwin gestand, dass ihm der Anblick des so vollkommenen Pfauenrades größtes Kopfzerbrechen bereitete. Weil es offenbar keine äußere Notwendigkeit dafür gab, eine solche Pracht zu erzeugen, die sogar für den Träger hinderlich sein müsse und sein Überleben gefährde, weil ihn der überlange Schmuck so auffällig mache. Die Schönheit der Blüten, die Farbenpracht und die Musterung von Schnecken, die vom Weichkörper verdeckt wird und auch ohne die Abdeckung im trüben Licht des Wassers gar nicht so zu sehen wäre, wie in Händen des Schnecken- und Muschelsammlers, und vieles andere mehr rufen Staunen und Bewunderung hervor. Unser Innerstes wehrt sich dagegen anzunehmen, dass dies alles ohne Zweck entstanden sei.

Schönheit und Lebenskraft

Nun ist bereits darauf hingewiesen worden, dass es gute Gründe dafür gibt, Schönheit als solche erkennen zu können. Sie verrät dem ersten Blick, dass es diesem Lebewesen gut geht und dass es ohne nennenswerte Schwierigkeiten aus dem befruchteten Ei aufgewachsen und zur Reife gelangt ist. Schönheit spiegelt Lebenskraft (oder Fitness, wie es in der Evolutionsbiologie genannt wird, um keine Missverständnisse mit einer geheimnisvollen Kraft aufkommen zu lassen!). Belasten Krankheiten und Parasiten einen Organismus zu sehr, büßt er nach und nach an Schönheit ein. Alterung ruft andere Eindrücke und Empfindungen hervor als die Schönheit einer lebensvollen Jugend. Das wissen wir alle, und so empfinden wir ohne dazu angeleitet werden zu müssen.

Weniger offensichtlich ist, dass die langwierigen und höchst komplizierten Entwicklungen, die jedes größere Lebewesen durchläuft, bis es den Zustand der Reife und der damit verbundenen Fortpflanzungsfähigkeit erreicht, keinen inneren Störungen ausgesetzt sein dürfen. Sonst geht manches schief, was nicht mehr repariert werden kann. Die Entwicklung wird von den genetischen

Programmen des Erbguts gesteuert. Enthält dieses Fehler, die zur Wirkung kommen können, sind Entwicklungsstörungen die Folge.

Schön, gesund und lebenstauglich

Schönheit und Vollkommenheit tragen also zumindest teilweise überlebenswichtige Botschaften nach außen: Dieser Organismus ist gesund und tauglich für die weitere Fortpflanzung. Wenn mit dieser auch noch weiterer Aufwand verbunden ist, wird der Nachweis von Kraft, Stärke oder Ausdauer wichtig. Auch dazu finden wir eine Fülle höchst überzeugender Beispiele in der gesamten Natur. Es ist auch noch gar nicht so lange her, dass etwa in Deutschland junge Männer, die heiraten wollten, nachweisen mussten, dass sie in der Lage sind, eine Familie zu ernähren. Dass der Bursche jung und hübsch war, wurde als nicht ausreichend erachtet.

Die Natur in uns drängt uns immer wieder das Vorurteil auf, das uns dazu verleitet, nach dem ersten Eindruck zu reagieren. Viele Menschen sind darauf hereingefallen, noch mehr wurden deswegen unfair behandelt. Wir sollten daher unseren Blick auf »die Natur« mit mindestens derselben nüchternen Skepsis begleiten, die beim Blick auf andere Menschen angebracht ist. Allzu leicht fallen wir auf die Vorurteile herein.

Die Natur – ein Paradies?

Dieser Seitenblick erscheint deshalb angebracht, weil wir geneigt sind, das allgemeine »Wunder der Evolution«, über das wir auf jeden Fall staunen und uns wundern sollten, gleichsam gefiltert zu betrachten. Wir sehen nicht all das Unschöne, das Grausige, das uns unmoralisch Vorkommende, so wenig wie wir beim Blick auf die in den Farben des Herbstwaldes vor dem Blau des Föhnhimmels erstrahlende Bergszenerie an Lawinen und Hochwasserfluten, an die Härte der Lebensbedingungen am Berg und an die vielen Toten denken, die gerade für besonders schön gehaltene Gipfel schon gekostet haben. Das Leben in der Natur ist nicht paradiesisch. Es mag uns so vorkommen, wenn wir uns aus der Sicherheit von Heim und Arbeit zur Erholung hinaus begeben. Dann leben wir nicht von dieser Natur, sondern auf Zeit in ihr. Wir verlassen sie wieder. Zurück bleibt der verklärte Blick, nicht aber die oftmals höchst raue Wirklichkeit.

Der zukunftsblinde Mensch

Beim Blick auf die Evolution verhält es sich nicht anders. Es rührt uns nicht, dass über 90 Prozent aller Lebewesen, die jemals auf der Erde existierten, wieder ausgestorben sind; vielleicht auch mehr als 99 Prozent. Ob die Menschheit irgendwann auch zu diesen Ausgestorbenen zählen wird, bekümmert uns Gegenwärtige nicht. Wir gehen mit der Erde und ihrem Leben um, als ob alles uns allein gehörte und wir auf keine Zukunft Rücksicht nehmen müssten. Der allergrößte Teil der Menschheit, mindestens sechs Milliarden Menschen, lebt so völlig zukunftsblind in der Gegenwart, wie es alle Organismen zu allen Zeiten getan haben. Wer das Wirken der Menschheit auf der Erde in seiner Gesamtheit betrachtet, wird schwerlich daran zweifeln können, dass der Mensch genauso weitermacht, wie alle anderen Lebewesen in der Evolution auch.

Von einem geistigen Prinzip durchdrungen?

Deshalb werfen viele verantwortungsbewusste Menschen ganz zu Recht die Frage auf, ob denn ein umfassendes Wirken eines »Weltgeistes« mit dem tatsächlichen Tun der Menschen und den Abläufen in der Evolution zu vereinbaren wäre. Da haben die christlich-biblische und die buddhistische Sicht bessere Argumente auf ihrer Seite, wenn sie davon ausgehen, der Mensch müsse sich im Leben bewähren. Das Leben selbst, die ganze Evolution, mag vom Grundsatz her »gut« sein. Doch darüber zu urteilen, steht uns nicht an. Dass die Menschen keineswegs immer nur Gutes tun, weil sie Lebewesen sind, wäre jedoch eine zweifellos falsche Sicht. Betrachten wir hingegen die Natur und ihr Werden, die Evolution, ganz neutral, dann können wir beim Menschen Gut und Böse unterscheiden und zwischen Recht und Unrecht urteilen. Ob die Evolution, ob das Leben selbst, ob vielleicht die gesamte Natur bis zum letzten atomaren Teilchen und zur fernsten Galaxie von einem geistigen Prinzip durchdrungen ist, wird sich so lange unserer Kenntnis entziehen, wie wir die Natur der Materie nicht verstanden haben. Davon sind wir bekanntlich noch weit entfernt. Vielleicht werden wir das Sein auch nie begreifen, sondern nur glauben können.

»Hinter allem steckt eine höhere Intelligenz«

Braucht die Evolution einen Schöpfer?

Großartig ist das Leben in seiner Vielfalt. Die lebendigen Strukturen, die sich aus der Winzigkeit einer befruchteten Eizelle entwickeln, stellen sicherlich eine sehr viel höhere Qualität dar als die eindrucksvollsten Landschaften oder unbelebten Naturgebilde. Wir können über Eisberge und Gebirge staunen, bewundern die Wogen des Meeres oder die scheinbar fest gewordenen Wellen, die der Wüstenwind aus Sand modelliert hat. Die Farbenspiele von Sonnenuntergängen ergreifen uns mit den Stimmungen, die sie hervorrufen. Im Sternenhimmel meinen wir Bilder zu sehen, trotz ihrer unbegreifbaren Ferne. Doch was ist all das, verglichen mit dem Heranwachsen, sich Öffnen und Duften einer Rosenblüte. Wer ersann das Schillern auf den Flügeln mancher Schmetterlinge, die scheinbar das Himmelsblau eingefangen haben? Und wie kamen wir zum ersten Wort, das andere Menschen verstanden und das zum Keim der Sprache werden konnte?

Verständlich, dass viele Menschen darin und in der ganzen Mannigfaltigkeit des Lebens das Werk eines Schöpfers sehen. Nur ein unendlich intelligentes Wesen kann in der Lage sein, diese unendliche Vielfalt ersonnen und geschaffen zu haben. Wie klein, wie stümperhaft ist doch Menschenwerk, verglichen mit der Größe der Natur! Nicht einmal allein das Leben offenbart das Wirken einer solchen höheren Instanz, sondern auch die nichtlebendige Natur. Es gäbe in ihr kein Leben, zumindest nicht dieses, so wie wir es kennen und erleben, hätte das Wasser nicht so besondere Eigenschaften. Es durchsetzt alles Lebendige. Ohne Wasser gäbe es zumindest kein höheres Leben. Doch dieses Wasser verhält sich in höchst merkwürdiger und außerordentlich bedeutsamer Weise anders als andere, vergleichbare chemische Verbindungen. Seine Schwere (genauer, seine Dichte) nimmt nicht zu, wenn die Temperatur abnimmt, sondern unter vier Grad Celsius beginnt es wieder leichter zu werden. Wenn es gefriert, also zu Eis wird und damit in den festen Zustand übergeht, wird es noch einmal leichter, so dass es auf dem Wasser schwimmt. Wäre das nicht so, würde das Eis zum Boden aller Gewässer absinken. Das Weltmeer wäre längst ein vollständiges Eismeer, das nur an der Oberfläche Pfützen getauten Wassers tragen würde. Auch das Bodenwasser würde wie in den polaren Breiten zu Bodeneis gefrieren. Keine günstigen Lebensbedingungen wären das. Die Erde wäre im Wesentlichen eine Eiskugel und kein Wasserplanet.

Der Sauerstoff der Cyanobakterien

Eine ganze Anzahl weiterer wichtiger Voraussetzungen für das Leben ließen sich anführen, von denen nur ein Stoff noch genannt werden soll, der Sauerstoff. Wir brauchen ihn zur Atmung. Die Tiere und auch eigentlich die Pflanzen brauchen ihn. Ohne Sauerstoff können nur winzig kleine, zur Großgruppe der Bakterien gehörige Lebewesen auskommen. Für diese ist er allerdings ein zerstörerisches Gift. Freien Sauerstoff gab es jedoch in der langen Phase der Urzeit der Erde gar nicht. Seine heutige Fülle, die etwa 21 Prozent der Gase ausmacht, welche die Lufthülle der Erde bilden, stammt von Pflanzen. Von winzig kleinen pflanzenartigen Lebewesen, die noch zu den Bakterien gehören. Früher wurden sie Blaualgen genannt. Aber da sie keine Algen, sondern eben Angehörige einer bestimmten Gruppe von Bakterien sind, sollten sie zutreffender als Blaugrünbakterien (Cyanobakterien) bezeichnet werden. Hunderte von Millionen Jahre lang erzeugten in der fernen Urzeit der Erde diese Blaugrünbakterien Sauerstoff. Denn sie, und nur sie allein, beherrschen einen chemischen Vorgang, den wir Photosynthese nennen. Dabei wird mit Hilfe der Energie des Sonnenlichts aus Kohlendioxid (CO_2) und Wasser (H_2O) Zucker hergestellt. Als »Abfallprodukt« entsteht Sauerstoff.

Sauerstoff und Ozon

Die grünen Pflanzen, die in unserer Gegenwart wie schon seit gut 500 Millionen Jahren diese Photosynthese betreiben, bedienen sich dazu jener Blaugrünbakterien. Sie hatten diese zu Beginn der Entstehung der Pflanzenwelt in ihre Zellen aufgenommen, einquartiert und seither benutzen sie diese »Mitarbeiter« (Symbionten) zur Erzeugung von Zucker und anderen organischen Stoffen. Der Sauerstoff, der dabei nach wie vor frei wird, sammelte sich in der Atmosphäre an und ermöglichte den Tieren und viel später auch den Menschen die Atmung. Er leistet aber noch mehr, denn aus dem von den Pflanzen frei gesetzten Sauerstoff entsteht durch die »harte« Strahlung der Sonne das Ozon. Dieses schützt das Leben auf der Erde wie ein Hochleistungs-Sonnenschirm. Gäbe es die Ozonschicht nicht, hätte das Leben gar nicht aus dem Meer an Land kommen können.

So etwas kann kein Zufall sein! Wasser, Sauerstoff, Ozon sind doch klare Beweise dafür, dass in der gesamten Natur ein intelligenter Entwurf vorhanden ist. Zu gut ist offenbar alles Wesentliche aufeinander abgestimmt. Deshalb müssen auch wir Menschen in diesem Entwurf enthalten gewesen sein. Die Umsetzung dieses intelligenten Entwurfs (*intelligent design*) ist das Ziel der Evolution.

»Intelligent Design«?

Die Verfechter der Vorstellung eines solch göttlichen Entwurfs oder einer Vorprogrammierung der Evolution durch den (einen) Schöpfer bringen solche und zahlreiche weitere Argumente vor, die ähnlich gelagert sind. Im Grunde genommen, so meinen sie, drückt sich überall im Leben, in der Natur und in der gesamten Evolution dieser göttliche Entwurf aus. In unserer menschengemachten Welt ist doch auch alles mit Absicht entstanden. Kein Haus hat sich selbst aufgebaut, kein Fernseher oder kein Auto die Übertragung von Bildern und Tönen oder das Fahren selbst erfunden. Menschenwerk ist ›gemacht‹, also verhält es sich mit dem großen Werk der Natur auch so. Und da nicht wir die Natur hergestellt haben, muss es einen Schöpfer geben.

Eine solche Argumentation wirkt in sich so schlüssig, dass es in der Tat schwer fällt, ihre Schwächen zu erkennen. Die größte Schwäche befindet sich dort, wo der Mensch sich selbst gleichsam zum Beobachter macht, obwohl er am Geschehen beteiligt ist. Sein Urteil gerät daher in die Falle des Vorurteils. Die Falltür bildet die vorgefasste Meinung. Will man nur alles, was schön und gut ist, sehen und nur das gelten lassen, was fein abgestimmt und harmonisch erscheint, nimmt man offensichtlich nur einen Teil der Wirklichkeit wahr. Aus unserer eigenen Menschenwelt ist uns das geläufig: Die Mitmenschen sind leider nicht alle gut und edel, lauter in ihren Absichten und ohne Fehl und Tadel. Die wirklich Guten sind so rar, wie die wahren Heiligen. Lug und Betrug, Schandtaten und Kriege kennzeichnen die Menschheit mindestens so sehr wie die edlen Züge des Menschseins. In allen Gesellschaften und Kulturen mussten umfangreiche, den Gegebenheiten einigermaßen angepasste Rechtssysteme entwickelt werden, um das Zusammenleben der Menschen einigermaßen in Ordnung zu halten. Darüber hinaus plagen uns Krankheiten, Missbildungen, Hunger und Elend weit mehr als es angenehme Lebensbedingungen und Lebensläufe gibt.

Wer nun meint, das sei eben die verdiente Strafe für den Ungehorsam der Menschen (früherer Zeiten), macht es sich zu leicht. Denn erstens weiß man um das viele Elend, das nicht selbst verschuldet wurde, und zweitens sollte man sehen, dass es sich in der gesamten Natur so verhält. Wir Menschen sind überhaupt nicht die besonders »Geschlagenen« oder »Abgestraften« unter den Lebewesen. Die weitaus meisten Arten, die das Leben hervorbrachte, sind auch wieder ausgestorben. Die Erde ist weit davon entfernt, ein ausgewogenes System darzustellen. Viele Millionen Jahre lang wucherten Wälder so sehr, dass die Überproduktion, die sie erzeugten, nicht wieder in den Kreislauf der Stoffe zurückkehren konnte. Die Folge war, dass große Teile dieser Wälder gleichsam an sich selbst erstickten. Dabei entstanden Steinkohle und Erdöl. Andere Überschüsse kamen zustande, weil Korallentiere so sehr wuchsen, dass ihre Ausscheidungen riesige Kalkriffe bildeten. Nur an ihrer obersten Fläche können die Polypen leben, die all das erzeugten, auf dem sie sitzen. Aus ausgeschiedenem Kalk wuchsen durch Verschiebungen der Kontinente Gebirge in die Höhe. Nicht einmal die feste Kruste der Erde ist »fest«, sondern in Bewegung. Wir bemerken diese Bewegung erst dann, wenn sich wieder einmal irgendwo ein gewaltiger Druck aufgestaut hat und sich in einem Erdbeben löst.

Schwachstellen im Design

Vulkanausbrüche, Erdbebenwellen aus dem Meer, Stürme, Feuersbrünste und sonstige Katastrophen vernichten offenbar ziel- und planlos Leben in großem Umfang. Und sollte der intelligente Plan gar falsch gewesen sein, dass mit der Urgewalt kosmischer Einschläge von Riesenmeteoriten das Leben mehrfach auf eine neue Bahn gebracht wurde? Noch mehr wird bei der Betrachtung der Details sichtbar. Für nicht wenige

»Lösungen«, die wir in den Organismen finden, gäbe es weitaus bessere. Man braucht kein versierter Techniker zu sein, um sogleich Schwachstellen oder unpassendes »Design« erkennen zu können. So etwa die gemeinsame Ausführung von Harn und Samen bei den männlichen Säugetieren, die Geburt der Nachkommen durch die Enge des Geburtskanals durch das Becken, oder die Sehnenführung beim Vogelflügel durch das »Dreiknochenloch«, anstatt die Flügel von der Rückenseite her anzuheben. Entgleisungen in der Tätigkeit des Erbguts, wie der Krebs, den es bei Pflanzen und Tieren und nicht nur beim Menschen gibt, lassen sich nicht so recht nachvollziehbar einem intelligenten Designer zuschieben, wohl aber der allgemeinen Fehlerhaftigkeit der Natur.

Schöpfer und Natur

Die Grundfrage, ob die Evolution einen Schöpfer braucht, wird vom Konzept eines intelligenten Designs ohnehin nicht beantwortet. Denn sie gehört untrennbar zur gesamten Natur. Das Leben ist nichts Eigenständiges, das in »die Natur« hineingesetzt wurde. Vielmehr ist Leben Natur, so wie Chemie und Physik im lebenden Organismus sind. Die Erde wiederum gehört als Planet zum Sonnensystem. Dieses ist Teil einer Galaxie mit Milliarden von Sonnen, die wir »unsere Milchstraße« nennen; eine von unzählbar vielen Galaxien im Weltall. Die aus zahllosen Messungen abgeleiteten Vorstellungen der naturwissenschaftlichen Kosmologie gehen davon aus, dass wahrscheinlich (aber nicht zwingend notwendiger Weise) das Weltall einstmals einen Anfang hatte. Als Schlagwort dafür hat sich »Urknall« eingebürgert. Dieser Urknall kann der Schöpfungsakt gewesen sein. Nehmen wir das an, dann gehört schon sehr viel Überheblichkeit dazu, unsere Erde, dieses Stäubchen im All, als einzigen Ort für den intelligenten Entwurf des Lebens hervorheben zu wollen. Sollte es dann nicht auch Unmengen anderer, durchaus auch besserer Welten geben als unsere mit all ihren Fehlern und Schwächen? Leben dann die Übermenschen auf einem fernen Planeten, dem Schöpfer zum Wohlgefallen? Und bekäme nicht ein Gegengott als »Teufel« bei dieser Betrachtungsweise zwangsläufig seinen Gegenentwurf?

Design oder Freiheit?

Wer die Natur, unsere Natur, so sehr vergöttlicht, gerät den uralten Vorstellungen von einer göttlichen Erde recht nahe. Zu nahe vielleicht, um sich von einem Pantheismus distanzieren zu können, so dies gewollt wäre. Auf der Strecke bliebe auch jene Freiheit, die uns im Prozess der Evolution offen bleibt und verantwortlich macht. Denn »Design« ist Vorbestimmung. Freiheit ist das nicht! Die unbegrenzte Größe Gottes würde durch seine Festlegung auf ein Design ganz massiv vermindert und eingeschränkt, während die

Alles, das gesamte All von Anfang an als ein Schöpfungswerk begreifen zu wollen, stellt keinen Widerspruch zur naturwissenschaftlichen Erforschung von Weltall, Erde und Evolution dar.

natürliche Evolution dazu keinerlei Einschränkungen mit sich bringt.

Größe der Natur

Denn diese Art von Forschung sucht nach Einsichten in die Wirklichkeit. Sie schafft Wissen, das durch besseres Wissen korrigiert werden kann, und sie trifft keine dogmatische Festlegung auf eine bestimmte Sicht. Ihre Vorgehensweise schließt das Staunen über die Natur nicht nur nicht aus, sondern setzt dieses in aller Regel voraus. Wie sonst könnte Interesse entstehen, noch tiefer in die Geheimnisse der Natur einzudringen? Gerade weil dieses Eindringen in die Natur mehr Einblick eröffnet als mit dem bloßen Augenschein möglich ist, offenbart sich den Naturwissenschaften die Größe der Natur in besonderer Weise. Vielleicht ist vielen Naturwissenschaftlern ein »intelligenter Designer« einfach zu klein geraten. Wer das Göttliche für die gesamte Natur, für alles Sein sucht, muss dafür wohl auch das denkbar Größte annehmen.

»Der biblische Schöpfungsbericht ist wissenschaftlich überholt«

Grenzfragen zwischen Biologie und Religion

Die Genesis ist aus der Sicht der Naturwissenschaft keine wissenschaftliche Kurzfassung zum Verlauf der Schöpfung. Daher kann sie auch nicht »wissenschaftlich überholt« sein. Sie ist auch keineswegs der einzige Schöpfungsbericht, den es unter den Völkern der Erde gibt. Bekanntlich gibt es ja selbst in der Bibel zwei verschiedene Schöpfungsberichte, die, würde man sie wörtlich nehmen, einander widersprächen (Gen. 1,1–2,4 und Gen. 2,4–2,25).

Die Faszination des Schöpfungsberichts

Was die Genesis so faszinierend macht, liegt in der so dicht gedrängten Darlegung des Ablaufs vom Anfang mit seinem ›Tohuwabohu‹ bis hin zum Menschen, zum Paradies und der Vertreibung daraus. Denn die Abfolge in sechs Hauptschritten trifft im Kern das Geschehen, so wie wir es gegenwärtig aus der naturwissenschaftlichen Forschung heraus verstehen. Am Anfang steht die Energie, aus der Materie entsteht, die gesondert werden kann, weil sie aus verschiedenen Formen (Elementen) besteht. Wasser spielt für das Leben eine besondere Rolle und dem Wasser wird ganz zutreffend die erste große Phase höheren Lebens zugeordnet. Die winzigen Bakterien waren zu biblischen Zeiten unbekannt und konnten so auch nicht berücksichtigt werden. Auf die »Wasserzeit« folgt die Besiedlung des Landes mit den beiden zu höchsten Leistungen befähigten Gruppen der Tierwelt, den Vögeln und den (Säuge)Tieren. Hier sei angemerkt, dass die umfassende Sammelbezeichnung für die Tiere (animalia = lateinisch; animals = englisch) die Vorstellung von ihrer Beseeltheit im Namen trägt (anima = Seele).

Wörtliche Bibelauslegung

Die Genesis hält die Tiere also für »höher« als die Pflanzen, die Nahrung für alle sind oder sein könnten. Am Ende der Serie kommt der Mensch, wie auch in der Evolution, doch sein richtiges Menschsein gewinnt dieser Mensch erst mit dem Verlust der Einbindung in die (paradiesisch gemeinte) Natur. Weil die in diesem Sinne ersten Menschen »erkannt« haben. Ersetzt man die »Tage der Schöpfung« durch Phasen (oder lange Zeiten) der Evolution, kommt in der Grundidee eine recht gute Übereinstimmung zustande. Problematisch wird die Betrachtung der Genesis also nur, wenn man sie allzu wörtlich nimmt. Dass dies weder das Ziel der Bibel gewesen sein kann, noch die Botschaft, welche die Zeiten überdauern sollte, ergibt sich für die Evolutionsbiologie allein schon daraus, dass die Theologie eine hoch geschätzte Wissenschaft ist und dies auch bleiben wird. Bedürfte die Bibel aber keiner Auslegung, keiner Exegese, wie sollte sich da die Theologie rechtfertigen?

Die Gefahr des Kreationismus

Auch der naturwissenschaftliche Befund, seien es Messungen oder Fossilien, muss »ausgelegt«, also einer Art von Exegese unterworfen werden. Weil sie für sich allein genommen zu wenig besagen würden. Der »Kreationismus«, der den biblischen Schöpfungsbericht wörtlich nehmen will, missachtet Jahrtausende Erfahrung, Forschung und Auslegung. Mehr noch: Da Wörter bekanntlich nicht für alle Menschen das genau Gleiche bedeuten, würde eine »wörtliche Annahme« des Schöpfungsberichtes recht viele unterschiedliche Deutungen zur Folge haben, weil jedes Lesen, noch mehr jede Übersetzung, gleichzeitig auch eine Deutung, eine Auslegung, ist.

Wohin das führen kann, mag der uns heute amüsierende Hinweis auf hoch gelehrte Diskussionen in früheren Jahrhunderten beleuchten. Es ging dabei darum, ob denn Adam einen Nabel gehabt haben könne, wenn er doch nicht von einer Frau geboren, sondern von Gott direkt geschaffen wurde. Die Frau aus der Rippe (oder Seite) Adams mag man wohl auch nicht allzu wörtlich nehmen und lieber für einen Übersetzungsfehler aus den Urtexten halten.

Die Bibel wird daher aus guten Gründen nicht für ein kurz gefasstes Lehrbuch der Evolution gehalten – und sollte dafür auch lieber nicht ge- oder gar missbraucht werden! Die Evolutionsbiologen haben daher wie die Theologen und wohl so gut wie alle übrigen Wissenschaftler und die allermeisten Menschen auch keine Probleme mit dem Text der Genesis. Die Grenzfragen liegen nicht im biblischen Wort Gottes. Vielmehr beginnen sie an den wirklichen Grenzen, wo es um die Fragen nach Ziel und Sinn, nach Sein und Sollen geht.

Die theologische Frage richtet sich nicht länger darauf, ob es überhaupt Evolution gegeben hat, oder ob die Erde vor vielleicht viereinhalbtausend Jahren so erschaffen wurde, wie sie heute ist. Die Zeiten sind auch vorüber, in denen noch darum gerungen wurde, ob sich die Sonne um die Erde oder diese um die Sonne dreht. Entgegen der einfachen Sicht des beschränkten Horizonts hat sich die Erde auch nicht als Scheibe, sondern als Kugel herausgestellt. Nein, es geht nicht um die neuen Grenzen der Naturwissenschaft, die diese von Jahr zu Jahr weiter hinausschiebt ins bislang Unbekannte, sondern es geht um uns, um den Sinn in uns und für unser Leben. Die Grenzfragen betreffen Materie und Geist, den Materialismus, der alles »nur« auf die Materie bezieht und die Energien, die wirken oder umgesetzt werden. Es geht um Ziel und Richtung von Leben und Evolution. Das »Woher« als eine der beiden Grundfragen des Menschen konnte die Wissenschaft ganz gut klären. Zum »Wohin« weiß sie nichts Verbindliches zu sagen, weil sich Ziele nicht mit ihren Forschungsmethoden erfassen lassen. Evolution habe kein Ziel, wird aber weiter laufen.

Was die Naturwissenschaft nicht klären kann

Solche Feststellungen verwirren viele Menschen. Sie sind keine befriedigenden Antworten auf ihre Sinnfragen. Streng genommen kann die Naturwissenschaft auch nicht klären, was gut oder böse, was Recht oder Unrecht ist. Die Wertungen gehen vom Menschen aus. Das wissen wir und das haben wir auch akzeptiert. Warum fällt es dann so schwer, sich damit zufrieden zu geben,

Die Sinnsuche liegt im Menschen

dass die Erforschung der Evolution nichts über ihren Sinn verrät, weil den Sinn wir Menschen zuteilen. Warum möchten wir nicht hinnehmen, dass wir das Ziel setzen müssen, wenn wir etwas erreichen wollen. Hätte die Evolution ein vorgegebenes Ziel, würden wir einfach darauf zutreiben, gleichgültig, was wir tun oder unterlassen. Wer ein gutes Leben geführt haben möchte, muss es führen, gleichgültig, ob die Evolution, in die dieses Leben eingebettet ist, einen Sinn für gut oder misslungen enthält. Die Sinnsuche liegt in uns Menschen. Sie wird uns nicht abgenommen, so wenig wie die Verantwortung. Beide sind der Preis für die Freiheit des Menschen. Wer Hilfe bei der Suche nach Sinn braucht, wird sie in den Religionen finden. Sein und Werden anzunehmen, gibt mit Sicherheit die beste Ausgangsbasis für die Suche nach Sinn. Wer das Gewordensein nicht akzeptiert, verrät seine Vergangenheit. Wer das Sein für unzureichend hält, schätzt seine Existenz gering. Aus Sein und Werden entsteht die Zukunft. Die zentrale »Botschaft« der Evolution besagt, dass nur jenes Leben Zukunft hat, das den Strom des Lebens weiter trägt. Alles andere wird in jenem Moment Vergangenheit, in dem es aufgehört hat, weiter an der Evolution beteiligt zu sein. Somit steckt im Überleben selbst schon auf jeden Fall ein Sinn.

Anhang

Glossar

Adaptation: Im Kontext von Evolution die Fähigkeit, sich den äußeren Bedingungen anzupassen.

Altruismus: Handeln, das dem Andern nützt, ohne dass es unbedingt dem Helfer Vorteile bringt.

Chromosom: Ein Träger des Erbmaterials.

Darwinismus: Umfunktionierung der biologischen Evolution zur Weltanschauung.

Emergenz: Auftauchen einer neuen Eigenschaft, die in den Einzelteilen des Gebildes noch nicht gegeben ist.

Erdzeitalter: Die Erdgeschichte wird in drei Zeitalter eingeteilt: Altertum (Paläozoikum bis vor 250 Mio. Jahren), Mittelalter (Mesozoikum bis vor 65 Mio. Jahren) und Neuzeit (Neozoikum).

Extinktion: Aussterben (Erlöschen) einer Linie von Organismen.

Fitness: Erfolg bei der Reproduktion, gemessen an der Zahl der sich fortpflanzenden Nachkommen.

Fossil: Überrest eines Organismus von vor mindestens 10000 Jahren.

Gen: Informationsträger für die Proteine.

Homologie: Strukturelle Ähnlichkeit aufgrund eines gemeinsamen Vorfahren.

Inzucht: Paarung eng verwandter Individuen innerhalb einer Population.

Koevolution: Evolution verschiedener Arten durch wechselseitige Beeinflussung.

Konvergenz: Ähnlichwerden verschiedener, nicht verwandter Arten.

Mutation: Änderung im genetischen Material der Zellen bei Organismen.

Natürliche Auslese: Fortpflanzungserfolg, der sich der Wechselbeziehung zwischen Umwelt und Anlagen verdankt, im Gegensatz zur künstlichen Selektion (artifical selection).

Nische: Lebensraum in einem Ökosystem, den eine Art bewohnt, oder Rolle, die sie darin spielt.

Ökosystem: Die Organismen, die es in einem Lebensraum gibt, im Zusammenhang mit der physikalischen Umwelt, die auf sie einwirkt.

Ontogenese: Entstehung und Entwicklung eines Individuums.

Phänotyp: Erscheinungsbild eines Organismus.

Phylogenese: Entstehung und Entwicklung einer Gruppe von Organismen in den Zeiträumen der Evolution.

Population: Gruppe von Individuen, die zu einer bestimmten Zeit an einem bestimmten Ort sind.

Sexuelle Selektion: Die Auslese, die durch die Möglichkeit der Partnerwahl zustande kommt.

Symbiose: Zusammenleben verschiedener Arten in einer engen ökologischen Dauerbeziehung.

Variation: Änderungen, die bei Organismen von Generation zu Generation möglich sind.

Quellennachweis der Abbildungen

Die Abbildungen S. 29, 59 und 128 stammen von Fritz Wendler aus: Josef H. Reichholf: Das Rätsel der Menschwerdung, © 1990 Deutscher Taschenbuch Verlag, München.
Die Rechte am Foto S. 55 liegen beim Autor

Ausgewählte Literatur

Darwin, C. (1871/2005): Die Abstammung des Menschen. – S. Fischer, Frankfurt.
Diamond, J. (1994): Der dritte Schimpanse. – S. Fischer, Frankfurt.
Facchini, F. (1991): Der Mensch. Ursprung und Entwicklung. – Natur Verlag, Augsburg.
Fischer, E. P. & K. Wiegandt, Hrsg. (2003): Evolution. Geschichte und Zukunft des Lebens. – S. Fischer, Frankfurt.
Grolle, J., Hrsg. (2005): Evolution. Wege des Lebens. – DVA, Stuttgart & Deutsches Hygiene Museum, Dresden.
Jones, S. (1999): Wie der Wal zur Flosse kam. Ein neuer Blick auf den Ursprung der Arten. – Hoffmann und Campe, Hamburg.
Kleesattel, W. (2005): Abenteuer Evolution. Die Ursprünge des Lebens. – Theiss, Stuttgart.
Kutschera, U. (2006): Evolutionsbiologie. 2. Auflage. – UTB Ulmer, Stuttgart.
Offenberger, M. (1999): Von Nautilus zu Sapiens. Einführung in die Evolutionstheorie. – dtv, München.
Reader, J. & J. Gurche (1987): Aufstieg des Lebens. – Interbook, Hamburg.
Reichholf, J. H. (2004): Das Rätsel der Menschwerdung. Die Entstehung des Menschen im Wechselspiel mit der Natur. – dtv, München.
Stringer, C. & R. McKie (1996): Afrika – Wiege der Menschheit. – Limes, München.

Entstehung und Verbreitung des Menschen in Afrika und Ausbreitung in vier Hauptrichtungen

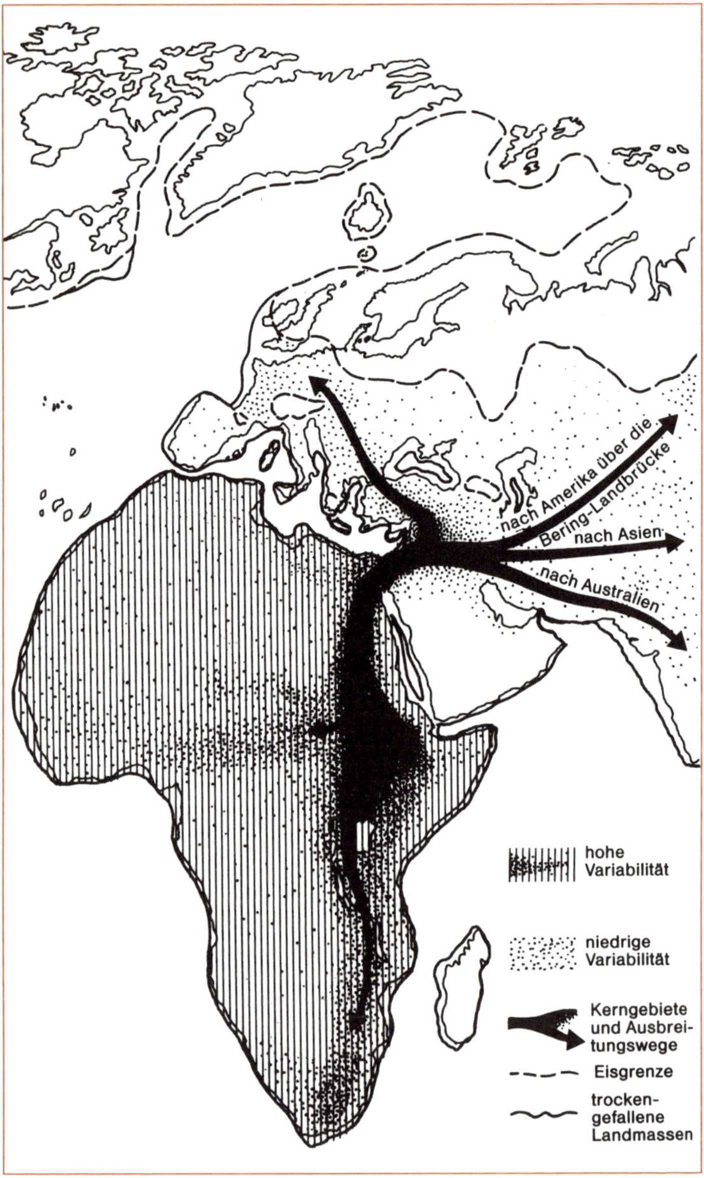